Lösungen
zum Schülerbuch

Lernstufen zur *Mathematik*

Klasse 5
Mittelschule Bayern

Erarbeitet von: Axel Siebert

Redaktion: Inga Knoff
Grafik und technische Umsetzung: Axel Siebert, zweiband.media, Berlin

www.cornelsen.de

1. Auflage, 4. Druck 2018

© 2017 Cornelsen Verlag GmbH, Berlin

Druck: Bosch-Druck GmbH

ISBN 978-3-464-54043-5

Inhaltsverzeichnis

Cornelsen

Vorschlag für einen Stoffverteilungsplan

Der vorliegende Stoffverteilungsplan bezieht sich in der 5. Klasse auf 5 Wochenstunden Mathematik und auf 34 Unterrichtswochen.

Das Schuljahr hat in der Regel mehr Schulwochen, allerdings fallen als pädagogischer Freiraum z.B. durch Klassenfahrten, Projektwochen etc. einige Schultage aus, sodass wir von diesem Gesamtumfang als realistische Marke ausgehen. In Klasse 5 haben wir darüber hinaus 2 Wochen für Wiederholungen eingerechnet. Deshalb gehen wir dort von einem Umfang von 32 Schulwochen aus.

Im LehrplanPLUS heißt es: „Die prozessbezogenen Kompetenzen können nicht strikt voneinander getrennt werden, vielmehr ergänzen und bedingen sie sich wechselseitig."
Deswegen sind die hier zugeordneten prozessbezogenen Kompetenzen als Schwerpunktsetzung zu verstehen.

Kapitel/ Abschnitt	Lernbereiche: Inhaltsbezogene Kompetenzen Die Schülerinnen und Schüler…	Prozessbezogene Kompetenzen: Schwerpunkte
Daten S. 7 – 28 Zeitraum: ca. 3 Wochen		
Umfragen planen und Daten sammeln S. 9 – 12	— fassen Daten aus gemeinsam geplanten und durchgeführten Datenerhebungen (z. B. Umfragen zu Verbraucherverhalten, Verkehrszählung) mithilfe geeigneter Zählverfahren (z. B. Ur- und Strichlisten) zusammen, um größere Datenmengen aus ihrem Alltag sinnvoll zu bündeln.	Argumentieren Probleme lösen Modellieren **Darstellungen verwenden** **Kommunizieren**
Daten auswerten S. 13 – 19	— strukturieren (z. B. in Tabellen, Diagrammen) und interpretieren gewonnene Daten und schließen auf Zusammenhänge, um Sachfragen zu beantworten. — entnehmen Informationen aus Datendarstellungen und werten die Daten im Hinblick auf die absolute Häufigkeit aus. — entnehmen Informationen aus unterschiedlichen Darstellungen ([…], Diagramm, Schaubild) und deuten diese kritisch. […]	**Mit symbolischen, formalen und technischen Elementen der Mathematik umgehen**
Werkzeug Diagramme zeichnen S. 16	— […] Darüber hinaus ordnen sie Daten und stellen sie grafisch in geeigneten Schaubildern dar (z. B. auch am Computer). [aus dem Lernbereich 1.1: Der Zahlenraum über eine Milliarde hinaus]	
Werkzeug Diagramme mit dem Computer erstellen S. 17		
Strategie Über Lernwege sprechen und schreiben S. 20 – 21		**Kommunizieren** — Texte oder mündliche Aussagen zu mathematischen Inhalten verstehen und überprüfen — Überlegungen, Lösungswege sowie Ergebnisse unter Verwendung der Fachsprache adressatengerecht und in angemessener Form darstellen und präsentieren

Cornelsen

Kapitel/ Abschnitt	Lernbereiche: Inhaltsbezogene Kompetenzen Die Schülerinnen und Schüler...	Prozessbezogene Kompetenzen: Schwerpunkte
Die natürlichen Zahlen	**S. 29– 50** **Zeitraum: ca. 4 Wochen**	
Natürliche Zahlen ordnen und vergleichen S. 31 – 34	– erfassen, lesen und bilden große natürliche Zahlen in verschiedenen Darstellungen (Zahlengerade [...]) und wechseln zwischen den Darstellungsformen. – analysieren Zahlenfolgen, die durch Addition, Subtraktion oder Multiplikation gleichbleibender natürlicher Zahlen gebildet wurden (z. B. Hunderter- oder Tausenderschritte vorwärts und rückwärts oder andere Summanden 980, 995, 1010, 1025 ...), führen diese fort und nutzen ihre Erkenntnisse sowie das so gefestigte Stellenwertverständnis zur Erstellung eigener Folgen. – entnehmen Informationen aus unterschiedlichen Darstellungen (Zahlenstrahl, Diagramm, Schaubild) und deuten diese kritisch. Darüber hinaus ordnen sie Daten [...].	Argumentieren Probleme lösen Modellieren **Darstellungen verwenden** **Kommunizieren** **Mit symbolischen, formalen und technischen Elementen der Mathematik umgehen**
Große natürliche Zahlen im Dezimalsystem S. 35 – 38	– erfassen, lesen und bilden große natürliche Zahlen in verschiedenen Darstellungen ([...] Stellenwerttafel, Wortform) und wechseln zwischen den Darstellungsformen. – ordnen, vergleichen und zerlegen natürliche Zahlen im nach links erweiterten Stellenwertsystem über eine Milliarde hinaus und zählen in verschiedenen Schritten vor- und rückwärts. – analysieren Zahlenfolgen, die durch Addition, Subtraktion oder Multiplikation gleichbleibender natürlicher Zahlen gebildet wurden (z. B. Hunderter- oder Tausenderschritte vorwärts und rückwärts oder andere Summanden 980, 995, 1010, 1025 ...), führen diese fort und nutzen ihre Erkenntnisse sowie das so gefestigte Stellenwertverständnis zur Erstellung eigener Folgen. – entnehmen Informationen aus unterschiedlichen Darstellungen (Zahlenstrahl, Diagramm, Schaubild) und deuten diese kritisch. [...]	
Große Zahlen runden S. 39 – 41	– [...] runden große Anzahlen auch in Bildern sowie in Sachzusammenhängen und begründen das verwendete Verfahren.	
Strategie Schätzen mit Professor Fermi S. 42	– schätzen [...] große Anzahlen auch in Bildern sowie in Sachzusammenhängen und begründen das verwendete Verfahren.	**Probleme lösen** – herausfordernde oder unbekannte Aufgaben mit mathematischen Kenntnissen, Fähigkeiten und Fertigkeiten bearbeiten – über Strategien zur Entwicklung von Lösungsideen sowie zur Ausführung geeigneter Lösungswege verfügen
Strategie Schätzen mit der Raster- methode S. 43		

Kapitel/ Abschnitt	Lernbereiche: Inhaltsbezogene Kompetenzen Die Schülerinnen und Schüler…	Prozessbezogene Kompetenzen: Schwerpunkte
Rechnen mit natürlichen Zahlen S. 51– 78 Zeitraum: ca. 5 Wochen		
Die Grundrechen- arten S. 53 – 56	−überschlagen und berechnen Summen, Differenzen, Produkte und Quotienten von natürlichen Zahlen im Kopf, sodass sie schnell und ohne Hilfsmittel Berechnungen anstellen sowie schriftliche Rechenverfahren durch größere Schnelligkeit und Sicherheit unterstützen können.	Argumentieren Probleme lösen **Modellieren** Darstellungen verwenden **Kommunizieren** **Mit symbolischen, formalen und technischen Elementen der Mathematik umgehen**
Rechenregeln und Rechenvorteile S. 57 – 60	−wenden Rechengesetze (Punkt-vor-Strich-Rechnung, Assoziativ- und Kommutativgesetz, Rechnen mit Klammern) bei den Grundoperationen an und nutzen Rechenvorteile.	
Schriftlich addieren und subtrahieren S. 61 – 64	−führen Grundrechenarten für natürliche Zahlen automatisiert mit den in der Grundschule erlernten halbschriftlichen und schriftlichen Rechenverfahren (Addition, Subtraktion: Abziehverfahren mit Entbündeln, […]) aus. Dabei verwenden sie Fachbegriffe (addieren, subtrahieren, […] Addition, Subtraktion, […] Summe, Differenz, […]) für die Beschreibung der Operationen und ihrer Ergebnisse.	
Schriftlich multiplizieren und dividieren S. 64 – 69	−führen Grundrechenarten für natürliche Zahlen automatisiert mit den in der Grundschule erlernten halbschriftlichen und schriftlichen Rechenverfahren ([…] Multiplikation: ein Faktor höchstens zweistellig, Division: Divisor höchstens zweistellig) aus. Dabei verwenden sie Fachbegriffe ([…] multiplizieren, dividieren, […] Multiplikation, Division, […] Produkt, Quotient) für die Beschreibung der Operationen und ihrer Ergebnisse.	
Strategie Rechnungen prüfen S. 70	−überprüfen die Richtigkeit eigener Lösungen durch Überschlagsrechnungen und durch das Anwenden von einfachen Umkehraufgaben. Sie finden Fehler, erklären und korrigieren diese, um so eigene Denkwege zu überprüfen und Ergebnisse sicher zu vertreten.	**Mit symbolischen, formalen und technischen Elementen der Mathematik umgehen** −Definitionen, Regeln, Algorithmen und Formeln anwenden −mit Zahlen, Größen, Gleichungen und Diagrammen arbeiten −Lösungs- und Kontrollverfahren ausführen −symbolische und formale Sprache in natürliche Sprache übersetzen und umgekehrt
Strategie Sachaufgaben lösen S. 71	−strukturieren vertraute Sachsituationen, übersetzen diese in mathematische Modelle und lösen diese nachvollziehbar. Dabei überprüfen sie die gewonnenen Lösungen an der Realsituation und versprachlichen ihren Lösungsweg.	**Modellieren** −relevante Informationen entnehmen und diese in die Sprache der Mathematik übersetzen −mathematische Zusammenhänge erkennen −Ergebnisse interpretieren und prüfen

Kapitel/ Abschnitt	Lernbereiche: Inhaltsbezogene Kompetenzen Die Schülerinnen und Schüler…	Prozessbezogene Kompetenzen: Schwerpunkte
Größen S. 79–100 Zeitraum: ca. 4 Wochen		
Geld S. 81 – 82	—vergleichen und messen Größen in ihrer Umwelt und verwenden dabei geeignete Maßeinheiten aus [dem Bereich] Geldwerte (€, ct). —lösen alltagsnahe Sachaufgaben aus den Größenbereichen, gebrauchen dabei sinnvolle Maßeinheiten und rechnen diese ggf. in benachbarte Einheiten um. Dabei runden sie Größen, um diese in sinnvoller Genauigkeit anzugeben, und bewerten Lösungswege sowie Ergebnisse. —verwenden zur genauen Größenangabe aus dem Alltag gebräuchliche, einfache Bruchzahlen ($\frac{1}{4}$; $\frac{1}{2}$; $\frac{3}{4}$; $1\frac{1}{2}$ …), bei den Größenbereichen Geldwerte und Längen auch die Kommaschreibweise.	Argumentieren Probleme lösen **Modellieren** Darstellungen verwenden **Kommunizieren** **Mit symbolischen, formalen und technischen Elementen der Mathematik umgehen**
Länge S. 83 – 85	—vergleichen und messen Größen in ihrer Umwelt und verwenden dabei geeignete Maßeinheiten aus [dem Bereich] Längen (km, m, dm, cm, mm) [...]. —lösen alltagsnahe Sachaufgaben aus den Größenbereichen, gebrauchen dabei sinnvolle Maßeinheiten und rechnen diese ggf. in benachbarte Einheiten um. Dabei runden sie Größen, um diese in sinnvoller Genauigkeit anzugeben, und bewerten Lösungswege sowie Ergebnisse. —verwenden zur genauen Größenangabe aus dem Alltag gebräuchliche, einfache Bruchzahlen ($\frac{1}{4}$; $\frac{1}{2}$; $\frac{3}{4}$; $1\frac{1}{2}$ …), bei den Größenbereichen Geldwerte und Längen auch die Kommaschreibweise.	
Strategie Schätzen mit Vergleichs- größen S. 86	—schätzen Größen aus dem Alltag begründet mithilfe von Vorstellungen über Bezugsgrößen ab, um realistische Größenangaben zu erhalten.	**Probleme lösen** —herausfordernde oder unbekannte Aufgaben mit mathematischen Kenntnissen, Fähigkeiten und Fertigkeiten bearbeiten —über Strategien zur Entwicklung von Lösungsideen sowie zur Ausführung geeigneter Lösungswege verfügen
Masse (Gewicht) S. 87 – 88	—vergleichen und messen Größen in ihrer Umwelt und verwenden dabei geeignete Maßeinheiten aus [dem Bereich] Massen/„Gewichte" (t, kg, g, mg) [...]. —lösen alltagsnahe Sachaufgaben aus den Größenbereichen, gebrauchen dabei sinnvolle Maßeinheiten und rechnen diese ggf. in benachbarte Einheiten um. Dabei runden sie Größen, um diese in sinnvoller Genauigkeit anzugeben, und bewerten Lösungswege sowie Ergebnisse. —verwenden zur genauen Größenangabe aus dem Alltag gebräuchliche, einfache Bruchzahlen [...].	Argumentieren Probleme lösen **Modellieren** Darstellungen verwenden **Kommunizieren** **Mit symbolischen, formalen und technischen Elementen der Mathematik umgehen**

Kapitel/ Abschnitt	Lernbereiche: Inhaltsbezogene Kompetenzen Die Schülerinnen und Schüler…	Prozessbezogene Kompetenzen: Schwerpunkte
Volumen S. 89 – 90	−vergleichen und messen Größen in ihrer Umwelt und verwenden dabei geeignete Maßeinheiten aus [dem Bereich] Volumina (l, ml) […]. −lösen alltagsnahe Sachaufgaben aus den Größenbereichen, gebrauchen dabei sinnvolle Maßeinheiten und rechnen diese ggf. in benachbarte Einheiten um. Dabei runden sie Größen, um diese in sinnvoller Genauigkeit anzugeben, und bewerten Lösungswege sowie Ergebnisse. −verwenden zur genauen Größenangabe aus dem Alltag gebräuchliche, einfache Bruchzahlen […]	Argumentieren Probleme lösen **Modellieren** Darstellungen verwenden **Kommunizieren** **Mit symbolischen, formalen und technischen Elementen der Mathematik umgehen**
Zeit S. 90 – 93	−vergleichen und messen Größen in ihrer Umwelt und verwenden dabei geeignete Maßeinheiten aus [dem Bereich] Zeitspannen (Jahr, Monat, Woche, Tag, h, min, s) […]. −lösen alltagsnahe Sachaufgaben aus den Größenbereichen, gebrauchen dabei sinnvolle Maßeinheiten und rechnen diese ggf. in benachbarte Einheiten um. Dabei runden sie Größen, um diese in sinnvoller Genauigkeit anzugeben, und bewerten Lösungswege sowie Ergebnisse. −verwenden zur genauen Größenangabe aus dem Alltag gebräuchliche, einfache Bruchzahlen […].	

Kapitel/ Abschnitt	Lernbereiche: Inhaltsbezogene Kompetenzen Die Schülerinnen und Schüler…	Prozessbezogene Kompetenzen: Schwerpunkte
Grundbegriffe der Geometrie S. 101– 130 Zeitraum: ca. 5 Wochen		
Gerade Linien und ihre Lagebeziehungen S. 103 – 110	—klassifizieren Linien (Strecke, Gerade) und erkennen zueinander senkrechte und parallele Linien, auch in ihrer Umwelt. Sie zeichnen entsprechende Linien unter Verwendung von Geodreieck und Lineal und beschreiben ihr Vorgehen. Dabei benutzen sie Fachbegriffe und -zeichen (Punkt, Gerade, Strecke, Senkrechte, Parallele, senkrecht, parallel, rechter Winkel, Abstand).	Argumentieren Probleme lösen Modellieren **Darstellungen verwenden** **Kommunizieren** **Mit symbolischen, formalen und technischen Elementen der Mathematik umgehen**
Werkzeug Parallele Linien erkennen und zeichnen S. 107	—[…] erkennen zueinander senkrechte und parallele Linien, auch in ihrer Umwelt. Sie zeichnen entsprechende Linien unter Verwendung von Geodreieck und Lineal und beschreiben ihr Vorgehen. Dabei benutzen sie Fachbegriffe und -zeichen (Punkt, Gerade, Strecke, Senkrechte, Parallele, senkrecht, parallel, rechter Winkel, Abstand).	
Werkzeug Senkrechte Linien erkennen und zeichnen S. 108	—[…] erkennen zueinander senkrechte und parallele Linien, auch in ihrer Umwelt. Sie zeichnen entsprechende Linien unter Verwendung von Geodreieck und Lineal und beschreiben ihr Vorgehen. Dabei benutzen sie Fachbegriffe und -zeichen (Punkt, Gerade, Strecke, Senkrechte, Parallele, senkrecht, parallel, rechter Winkel, Abstand).	
Umfänge messen und berechnen S. 111 – 114	—messen die Umfänge von Dreiecken und Vierecken sowie daraus zusammengesetzten Figuren und beschreiben ihr Vorgehen, um den Begriff Umfang sicher zu verwenden. —berechnen die Umfänge von Dreiecken und Vierecken sowie daraus zusammengesetzten Figuren. —lösen entsprechende Sachaufgaben, um einem realen Anwendungsbereich zu begegnen, und vergleichen verschiedene Lösungswege. —verwenden Fachbegriffe (Umfang, Länge) sowie Längeneinheiten (m, dm, cm, mm) überlegt und rechnen diese bei Bedarf in die Nachbareinheit um, damit die Plausibilität des Zahlenmaterials gewährleistet bleibt.	Argumentieren Probleme lösen Modellieren **Darstellungen verwenden** **Kommunizieren** **Mit symbolischen, formalen und technischen Elementen der Mathematik umgehen**
Das Koordinaten- system S. 115 – 116	—zeichnen Punkte und Figuren in Koordinatensysteme (1. Quadrant) ein, lesen die Koordinaten von Punkten ab und verwenden dabei Fachbegriffe (Ursprung, Rechtswert, Hochwert), um sich in der Ebene zu orientieren.	
Winkel erkennen und bezeichnen S. 117 – 122	—identifizieren und beschreiben Winkel in ihrer Umwelt, erzeugen Winkel mithilfe unterschiedlicher Hilfsmittel (z. B. Meterstab, Zirkel) und verwenden dabei Fachbegriffe (Scheitelpunkt, Schenkel).	

Kapitel/ Abschnitt	Lernbereiche: Inhaltsbezogene Kompetenzen Die Schülerinnen und Schüler...	Prozessbezogene Kompetenzen: Schwerpunkte
Werkzeug Winkel messen S. 120	−messen [...] Winkel (bis 180°) und klassifizieren diese in spitze, rechte, stumpfe und gestreckte Winkel, um Winkel in ihrer Umwelt sowie in Zeichnungen zu bestimmen und durch den Vergleich mit den Bezugsgrößen 45°, 90° und 180° abzuschätzen.	
Werkzeug Winkel zeichnen S. 121	−[...] zeichnen Winkel (bis 180°) und klassifizieren diese in spitze, rechte, stumpfe und gestreckte Winkel, um Winkel in ihrer Umwelt sowie in Zeichnungen zu bestimmen und durch den Vergleich mit den Bezugsgrößen 45°, 90° und 180° abzuschätzen.	
Werkzeug Dynamische Geometrie-Software S. 123		Mit symbolischen, formalen und technischen Elementen der Mathematik umgehen −geometrische Grundkonstruktionen anwenden und Hilfsmittel verwenden

Kapitel/ Abschnitt	Lernbereiche: Inhaltsbezogene Kompetenzen Die Schülerinnen und Schüler…	Prozessbezogene Kompetenzen: Schwerpunkte
Die ganzen Zahlen S. 131– 150 Zeitraum: ca. 4 Wochen		
Negative und positive Zahlen S. 133 – 136	−beschreiben und interpretieren einfache, anschauliche Situationen und Modelle aus dem Alltag mit ganzen Zahlen (z. B. geographische Höhen, Analogthermometer). −lesen, ordnen und vergleichen ganze Zahlen am erweiterten Zahlenstrahl bzw. an der Zahlengeraden (positive und negative Zahlen) und nutzen ihre Kenntnisse, um die Kleiner-Größer-Relation zu begründen.	Argumentieren Probleme lösen **Modellieren** **Darstellungen verwenden** **Kommunizieren** **Mit symbolischen, formalen und technischen Elementen der Mathematik umgehen**
Zustands-änderungen S. 137 – 141	−stellen Zustandsänderungen (z. B. durch Pfeildarstellung) aus vorgegebenen und selbst formulierten Sachsituationen im jeweiligen Modell dar (z. B. Thermometer, Zahlengerade), um Operationen mit ganzen Zahlen nachzuvollziehen. −wenden ihr Verständnis für die Unterscheidung eines Zustands (erkenntlich am Vorzeichen) und der Zustandsänderung (erfolgt durch entsprechendes Rechenzeichen) für die Lösung von Aufgaben, auch in einfachen Sachzusammenhängen, an und begründen ihr Vorgehen. −lösen Sachaufgaben zu Zustandsänderungen ($a + b$; $a - b$ mit $a \in \mathbb{Z}$, $b \in \mathbb{N}$) anschaulich (z. B. Zahlenstrahl, Analogthermometer), bearbeiten selbst formulierte Problemstellungen, überprüfen die Plausibilität der Ergebnisse und reflektieren ihre Lösungswege.	Argumentieren Probleme lösen **Modellieren** **Darstellungen verwenden** **Kommunizieren** **Mit symbolischen, formalen und technischen Elementen der Mathematik umgehen**
Strategie Informationen aus Texten aus Schaubildern entnehmen S. 142– 143	−lösen Sachaufgaben zu Zustandsänderungen ($a + b$; $a - b$ mit $a \in \mathbb{Z}$, $b \in \mathbb{N}$) anschaulich (z. B. Zahlenstrahl, Analogthermometer), bearbeiten selbst formulierte Problemstellungen, überprüfen die Plausibilität der Ergebnisse und reflektieren ihre Lösungswege.	**Modellieren** −relevante Informationen entnehmen und diese in die Sprache der Mathematik übersetzen −mathematische Zusammenhänge erkennen −Ergebnisse interpretieren und prüfen

Kapitel/ Abschnitt	Lernbereiche: Inhaltsbezogene Kompetenzen Die Schülerinnen und Schüler…	Prozessbezogene Kompetenzen: Schwerpunkte
Flächeninhalte – Rechtecke	S. 151– 170 Zeitraum: ca. 4 Wochen	
Flächeninhalte vergleichen S. 153 – 156	−vergleichen, messen und schätzen Flächeninhalte unterschiedlicher geometrischer Figuren ihrer Lebenswelt, indem sie verschiedene Problemlösestrategien (z. B. Zerlegen, Auslegen mit ungenormten und genormten Flächeneinheiten) durchführen. Dabei verwenden sie den Begriff Flächeninhalt sicher. −wenden Maßeinheiten bei Flächeninhalten (m^2, dm^2, cm^2, mm^2) überlegt an und rechnen diese bei Bedarf in die Nachbareinheit um, damit die Plausibilität des Zahlenmaterials gewährleistet bleibt.	**Argumentieren** **Probleme lösen** Modellieren Darstellungen verwenden **Kommunizieren** Mit symbolischen, formalen und technischen Elementen der Mathematik umgehen
Flächeninhalte berechnen S. 157 – 160	−begründen die Flächeninhaltsberechnung von Rechtecken und Quadraten dadurch, dass sie mit Einheitsquadraten auslegen und die Abhängigkeit des Flächeninhalts von Länge und Breite des jeweiligen Rechtecks aufzeigen. −berechnen Flächeninhalte von Rechtecken, Quadraten und einfachen daraus zusammengesetzten Figuren, auch in alltagsrelevanten Sachaufgaben.	
Strategie Begründen in der Mathematik S. 161		**Argumentieren** −Fragen stellen −begründete Vermutungen äußern −mathematische Argumentationen entwickeln (Erläuterungen, Begründungen und Beweise) −Lösungswege beschreiben und begründen −ungewöhnliche Rechenwege sowie Fehler untersuchen

Kapitel/ Abschnitt	Lernbereiche: Inhaltsbezogene Kompetenzen Die Schülerinnen und Schüler...	Prozessbezogene Kompetenzen: Schwerpunkte
Formeln und Gleichungen S. 171– 188 Zeitraum: ca. 3 Wochen		
Gleichungen und Variablen S. 173 – 175	—lösen Zahlenrätsel und Aufgaben zu den Themenkomplexen Umfang und Flächeninhalt von Quadraten und Rechtecken [...], um mit Variablen und Gleichungen Erfahrungen zu gewinnen.	**Argumentieren** Probleme lösen **Modellieren** **Darstellungen verwenden** **Kommunizieren** **Mit symbolischen, formalen und technischen Elementen der Mathematik umgehen**
Strategie Gleichungen durch systematisches Probieren lösen S. 176 – 177	—lösen Zahlenrätsel und Aufgaben zu den Themenkomplexen Umfang und Flächeninhalt von Quadraten und Rechtecken durch systematisches Probieren [...], um mit Variablen und Gleichungen Erfahrungen zu gewinnen.	**Probleme lösen** —herausfordernde oder unbekannte Aufgaben mit mathematischen Kenntnissen, Fähigkeiten und Fertigkeiten bearbeiten —über Strategien zur Entwicklung von Lösungsideen sowie zur Ausführung geeigneter Lösungswege verfügen
Gleichungen durch Umkehraufgaben lösen S. 157 – 160	—lösen Zahlenrätsel und Aufgaben zu den Themenkomplexen Umfang und Flächeninhalt von Quadraten und Rechtecken durch [...] Durchführen von Umkehraufgaben, um mit Variablen und Gleichungen Erfahrungen zu gewinnen.	**Argumentieren** Probleme lösen **Modellieren** **Darstellungen verwenden** **Kommunizieren** **Mit symbolischen, formalen und technischen Elementen der Mathematik umgehen**

Cornelsen

Daten

Umfragen planen und Daten sammeln

9 Entdecken

1

a) Die Frage „Wie ist das Wetter heute?" passt nicht in den Fragebogen, da sie nichts zum gegenseitigen Kennenlernen der Schülerinnen und Schüler beiträgt.

b), c) individuelle Lösungen

2

Beispiel:

① Interessierst Du Dich für Fußball? □ ja □ nein

② Wie heißt Dein Lieblingsfilm? _____

③ Was würdest Du auf eine einsame Insel am liebsten mitnehmen? □ Taschenmesser □ Zelt □ Feuerzeug

Bitte nur eine Antwort ankreuzen.

3

a) Aus der linken Liste ist ablesbar, wie alt jeder einzelne Schüler ist. In der rechten Liste ist für jedes vorkommende Alter angegeben, auf wie viele Schüler es zutrifft.

b) Die Liste von Tim enthält die Daten ungeordnet und unverändert so, wie sie erhoben wurden. In der Liste von Michelle hingegen bereits eine Auswertung der Daten durchgeführt: Gleichaltrige Schüler wurden zu Gruppen zusammengefasst und für jede Gruppe wurde die Anzahl der Schüler ermittelt.

c) Vorteile der linken Liste: Für jeden einzelnen Schüler kann das Alter abgelesen werden. Die Liste ermöglicht weitere Auswertungen, z. B. getrennt nach Mädchen und Jungen.

Nachteile der linken Liste: Sie ist unübersichtlich. Für einen Gesamtüberblick muss man erst die Anzahlen der Schüler für jedes Alter zusammenzählen.

Vorteile der rechten Liste: Sie ist kurz und übersichtlich und ermöglicht einen schnellen Überblick über die Altersstruktur der Klasse.

Nachteile der rechten Liste: Altersangaben zu einzelnen Schülern sind nicht ablesbar. Eine Auswertung nach Mädchen und Jungen getrennt ist nicht möglich.

d) Leonie sollte eine Liste ähnlich wie die von Michelle benutzen, da diese Form kürzer und übersichtlicher ist und somit am schnellsten einen Gesamtüberblick liefert. Allerdings sind in diesem Falle zwölf Tabellenzeilen für die einzelnen Monate erforderlich.

11 Üben und anwenden

1

	Strichliste
Obstspieß	卌
Gemüseschale	|||
Käsebrot	卌	
Kressebrot	||||
Orangensaft	卌

11 2

a)

Name	Strichliste	absolute Häufigkeit
Marcel	卌		6
Luca	||	2
Jeannine	卌 |||	8
Laura	卌	5
Rainer	卌 ||	7

b) Jeannine wurde zur Klassensprecherin gewählt, da sie die meisten Stimmen erhielt.

c) An der Klassensprecherwahl nahmen 28 Schülerinnen und Schüler teil.

Zum Weiterarbeiten

z. B. Geschichte, Gesellschaftskunde, Geographie, Religion

3

Smiley	Strichliste	absolute Häufigkeit
☺	卌 卌 卌		16
☺	卌 卌 卌 |||	18
☹	卌 卌		11

4

zufallsabhängige Lösungen

2

a)

Name	Strichliste	absolute Häufigkeit
Rana	卌 卌	10
Anna	|||	3
Leon	卌 ||||	9
Achmed	卌		6

b) Leon erhielt neun Stimmen (Gesamtzahl aller Stimmen minus Anzahlen der Stimmen für Rana, Anna und Achmed).

c) Rana ist neue Klassensprecherin.

d) In diesem Falle gäbe es ein Unentschieden zwischen Rana und Leon.

4

a) Mögliche Augensummen: 2 bis 12

b), c) zufallsabhängige Lösungen

12 5

a)

Geschlecht	Strichliste	absolute Häufigkeit
Mädchen	卌 卌		11
Jungen	卌 卌 |||	13

b)

Alter	Strichliste	absolute Häufigkeit
9 Jahre			1
10 Jahre	卌 ||||	9
11 Jahre	卌 卌 ||	12
12 Jahre	||	2

Hobby	Strichliste	absolute Häufigkeit
Basteln	||||	4
Computer	卌	5
Lesen	||	2
Musik	||	2
Sport	卌 ||||	9
Theater			1
Zeichnen			1

12 5 b) (Fortsetzung)

Haarfarbe	Strichliste	absolute Häufigkeit
blond	IIII	4
braun	HHT HHT IIII	14
schwarz	HHT I	6

c)

Hobbys der Mädchen	Strichliste	absolute Häufigkeit
Basteln	II	2
Computer	III	3
Lesen	I	1
Sport	HHT	5

Hobbys der Elfjährigen	Strichliste	absolute Häufigkeit
Basteln	HHT HHT HHT	3
Computer	HHT HHT IIII	2
Lesen	HHT HHT IIII	1
Musik	HHT HHT IIII	1
Sport	HHT HHT IIII	5

d) individuelle Lösungen

6

a) Frage 3 ist nicht sinnvoll, da sie nichts mit dem Thema Taschengeld zu tun hat.

b) Schüler können auch andere Taschengeldbeträge als 10 €, 20 € oder 30 € erhalten. Statt der Einzelbeträge sollten deshalb Bereiche angegeben werden, z. B. 0 € bis 9,99 €; 10 € bis 19,99 €; 20 € bis 29,99 €; 30 € oder mehr.

6

- Die Fragen nach Alter und Geschlecht sind sinnvoll, da diese Daten Einfluss auf die Höhe des Taschengeldes haben können.
- Bei Frage 3 könnten noch die Antwortmöglichkeiten „monatlich" und „unregelmäßig" ergänzt werden.
- Bei Frage 4 sollten statt der Einzelbeträge Bereiche angegeben werden, z. B. 0 € bis 9,99 €; 10 € bis 19,99 €; 20 € bis 29,99 €; 30 € oder mehr.
- Bei Frage 5 ist es möglich (aber nicht zwingend notwendig), zu erwartende häufige Antwortmöglichkeiten zum Ankreuzen vorzugeben. Eine Rubrik „Sonstiges" sollte dabei nicht fehlen.

12 7

1. Fehler: Der letzte Bereich muss mit 500 m statt mit 0 m anfangen, damit er sich nicht mit den anderen Bereichen überlappt.

2. Fehler: Im Bereich 50–200 m beträgt die absolute Häufigkeit 8 statt 7.

Nachgedacht

Individuelle Lösungen.

Beispiele für Daten, die zu Bereichen zusammengefasst werden können: Körpergewicht, sportliche Leistungen, tägliche Fernsehdauer, Taschengeldhöhe, Dauer des Schulweges.

Beispiele für Daten, die nicht zu Bereichen zusammengefasst werden können: Geschlecht, Wahlentscheidungen, Lieblingsfarbe, Haustier, Hobby, Verkehrsmittel für den Schulweg.

8

Gruppenarbeit. Möglich sind z. B. Fragen nach der Häufigkeit des Eisessens und nach den bevorzugten Sorten.

7

a) 1. Fehler: Die Bereiche in der zweiten und dritten Tabellenzeile überlappen sich teilweise. Zur Korrektur sollte der Bereich in der dritten Zeile auf 148-151 (cm) geändert werden, damit alle Bereiche gleich lang sind.

2. Fehler: Die Summe aller absoluten Häufigkeiten beträgt 29 statt 27.

b) Wegen der Überlappung der Bereiche 144-147 und 146-151 wurden wahrscheinlich zwei Kinder, die 146 oder 147 cm groß waren, doppelt erfasst.

8

Gruppenarbeit. Möglich sind z. B. Fragen nach der Länge des Schulweges und den benutzten Verkehrsmitteln.

Daten auswerten

13 Entdecken

1

a) Aus dem Schaubild lässt sich ablesen, welches Alter in Jahren die angegebenen Tierarten in freier Wildbahn maximal erreichen können.

b) An der x-Achse sind die Tierarten angetragen, auf der y-Achse die Lebensjahre. Für jede Tierart wurde eine auf der x-Achse senkrecht stehende Säule gezeichnet, deren Höhe der maximalen Lebenserwartung dieser Tierart in freier Wildbahn entspricht.

c) Individuelle Antworten. Beispiele:

- um sich schnell einen Überblick über eine größere Datenmenge zu verschaffen;
- um Daten bei Vorträgen, im Fernsehen oder in der Zeitung anschaulich und leicht verständlich zu präsentieren;
- für Werbezwecke;
- um z. B. in der Medizin Abweichungen vom Normalzustand schnell zu erkennen.

2

a) ① Fuchs   ② Eichhörnchen   ③ Hirsch   ④ Baummarder

b) Das Eichhörnchen bekommt zweimal im Jahr Nachwuchs.

2

Es wurden angepflanzt:
230 Millionen Fichten;
120 Millionen Rotbuchen;
100 Millionen Eichen;
50 Millionen Kiefern;
70 Millionen Tannen.

3

a)

Zweck	Verbrauch in l
Duschen/Baden	30
Wäschewaschen	**20**
Toilettenspülung	45
Geschirrspülen	**10**
Blumen/Garten	10
Körperpflege	15
Gesamtverbrauch	130

b) In einer Woche kann Frau Seifert 70 l Trinkwasser einsparen.

c) Beispiel einer Schätzung:
30 l für Duschen und Baden (keine Änderung gegenüber dem Sommer);
30 l für Wäschewaschen (im Winter wird nicht mehr Kleidung benötigt);
45 l f. Toilettenspülung (unverändert);
10 l für Geschirrspülen (unverändert);
2 l für Blumen (im Winter muss im Garten nichts bewässert werden);
15 l für Körperpflege (unverändert);
Gesamtverbrauch: 132 l

15 2

a) Es wurden gezählt:
120 Pkws;
20 Busse;
40 Lkws;
80 Fahrräder;
20 Motorräder/Mofas.

b) Insgesamt waren es 280 Fahrzeuge.

3

a) Es handelt sich um ein Säulendiagramm, in dem für sechs verschiedene Zwecke der Wasserverbrauch in Litern an einem Sommertag dargestellt ist.

b) Für die Toilettenspülung benötigt Frau Seifert am meisten Wasser, und zwar 45 Liter am Tag.

c) An einem Tag verbraucht Frau Seifert 130 Liter Wasser.

d) Der Wasserverbrauch ist auf zwei Tage hochzurechnen und dabei der zusätzliche Verbrauch von Frau Meier zu berücksichtigen. Beispiel:
90 l für Duschen und Baden;
40 l für Wäschewaschen;
160 l für Toilettenspülung;
30 l für Geschirrspülen;
20 l für Blumen und Garten;
50 l für Körperpflege;
Gesamtverbrauch: 390 l

---

13 3

a)

Tierart	Baummarder	Eichhörnchen	Wildschwein	Fuchs	Waldmaus
Körperlänge (cm)	90	40	170	120	20

b) Das Wildschwein hat die größte Körperlänge. Das ist im Diagramm daran zu erkennen, dass der Balken für das Wildschwein am längsten ist.

c) Gemeinsamkeiten:
• In beiden Schaubildern werden die zu veranschaulichenden Zahlen durch Längen von Streifen dargestellt.
• In beiden Diagrammen stehen an einer Achse die Tierarten und an der anderen die diesen zuzuordnenden Zahlenwerte.

Unterschiede:
• In Aufgabe 1 stehen die Tierarten an der x-Achse und die Zahlenwerte an der y-Achse. In Aufgabe 3 ist es umgekehrt.
• In Aufgabe 1 sind die Streifen vertikal und in Aufgabe 3 horizontal gezeichnet.
• In dem Balkendiagramm in Aufgabe 3 lassen sich die Bezeichnungen der Tierarten leichter unterbringen. Die Zeilen müssen nicht gedreht oder aufgeteilt werden.

4

a) ① Richtig. Im Diagramm stehen 14 Wägestücke für 14 kg.
② Falsch. Das Eichhörnchen wiegt etwa 0,5 kg, der Baummarder 4 kg. Folglich ist der Baummarder viermal so schwer wie das Eichhörnchen.
③ Falsch. Siebeneinhalb Wägestücke beim Fuchs entsprechen 7,5 kg, nicht 5,5 kg.

b) individuelle Aufgaben und Lösungen

Zum Weiterarbeiten
individuell

15 Üben und anwenden

1

a) Am beliebtesten ist Fußball.

b) Sechs Kinder klettern sehr gerne.

c) z. B. Volleyball, Judo, Reiten

1

a) Fußball > Fitness > Radfahren > Schwimmen > Klettern > Sonstige

b) Es wurden 62 Kinder befragt.

c) Es handelt sich um ein Balkendiagramm, an der y-Achse stehen die Sportarten, an der x-Achse die absoluten Häufigkeiten. Zu jeder Sportart wurde ein waagerechter Balken gezeichnet, dessen Länge die absolute Häufigkeit der Nennung darstellt.

Zum Weiterarbeiten
individuell

18

4

a) Acht Schüler essen gern Pizza, drei Schüler Spaghetti und zwei Schüler Pfannkuchen.

b) Anzahl der Nennungen — Lieblingsessen der Klasse 5a (Spaghetti, Pizza, Pfannkuchen, Schnitzel mit Pommes, Lasagne; Skala 0–8)

5

a) Fünf Schüler haben jeweils zwei Geschwister.

b)

Anzahl der Geschwister	keine Geschwister	1	2	3	mehr als 3
Anzahl der Schüler	‖‖‖ ‖	‖‖‖ ‖‖‖	‖‖‖	‖	‖
absolute Häufigkeit	6	8	5	2	1

c) Anzahl der Schüler — Geschwisteranzahlen in der Klasse 5b (keine, 1, 2, 3, mehr als 3 / Anzahl der Geschwister; Skala 0–8)

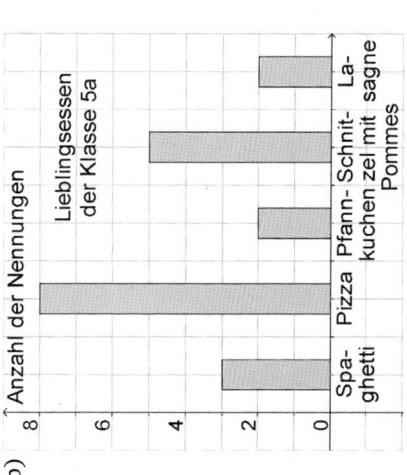

4

a) Anzahl der Nennungen — Lieblingsessen der Klasse 5a (Spaghetti, Pizza, Pfannkuchen, Schnitzel mit Pommes, Lasagne; Skala 0–6)

b) Es wurden 20 Schüler befragt.

c) 10 Schüler mögen gern Pizza oder Pfannkuchen. Das ist genau die Hälfte der Klasse. Lukas hat also recht.

5

a) Sechs Schüler der Klasse haben keine Geschwister, acht Schüler haben jeweils ein Geschwisterkind, fünf Schüler haben jeweils zwei Geschwister, zwei Schüler haben jeweils drei Geschwister und ein Schüler mehr als drei. Insgesamt wurden 22 Schüler befragt.

18 **5** *(Fortsetzung)*

d) Die Behauptung ist falsch. Es gibt mehr Schüler mit genau einem Geschwisterkind als Schüler ohne Geschwister.

6

a) Der Abstand des Teilstrichs der Zahl 50 zur x-Achse ist zu klein. Er muss zwei Kästchen betragen, sonst beginnt die y-Achse bei 25 statt bei 0.

c) Die Achsenbeschriftungen fehlen komplett. Aus dem Diagramm kann man deshalb nichts ablesen.

19 **7**

a) Zum Text passt das Diagramm ②. Nur hier sind die Anzahlen der Eichen, Kiefern und Fichten richtig dargestellt. Im ersten Diagramm sind es statt 70 Kiefern nur 60 und im dritten statt 20 Fichten nur zehn.

b) Im Wald von Förster Willi stehen zehn Buchen. Das ist aus Diagramm ② ablesbar.

8

Futtermenge pro Tag im Zoo (Nashorn, Flusspferd, Elefant) — 🪣 = 20 kg

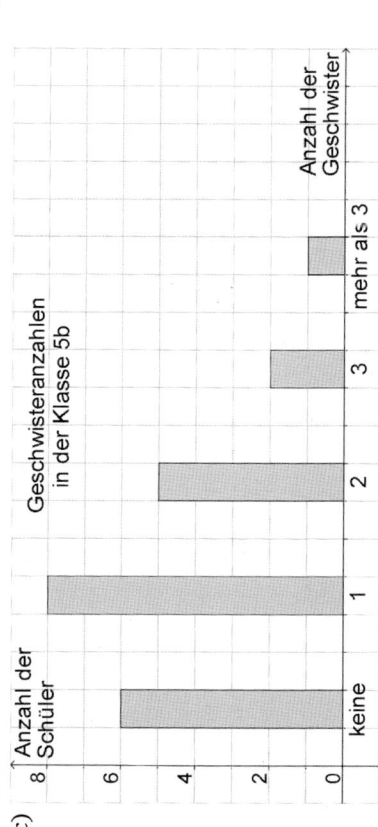

5 *(Fortsetzung)*

d) Die Behauptung ist falsch. Es gibt 13 Schüler mit einem oder zwei Geschwisterkindern, das sind bei einer Klassenstärke von 22 Schülern mehr als die Hälfte der Gesamtzahl.

b) Die Farben müssen an der x-Achse stehen und die Schüleranzahlen in gleichmäßigen Abständen (z. B. 2; 4; 6; ...) an der y-Achse.

d) Wenn ein Symbol einem Schüler oder einer Schülerin entspricht, dann ergibt ein halbes Symbol keinen Sinn.

c) Anzahl — Baumbestand im Wald von Förster Willi nach den Fällungen (Eichen, Kiefern, Fichten, Buchen; Skala 0–40)

8

Trinkmenge pro Tag bei Nutztieren (Kuh, Schwein, Pferd, Schaf) — = 10 l

5

19 9

a) Die Akrobatikshow erhielt die meisten, die Saft-Bar die zweitmeisten Stimmen.

b) Welche Aktion hat dir beim Schulfest am besten gefallen?

9

a) Es wurden insgesamt 175 Schüler befragt.

Balkendiagramm – Titel: „Welche Aktion hat dir beim Schulfest am besten gefallen?"; Kategorien: Akrobatikshow, Torwandschießen, Naturquiz, Saft-Bar, Flohmarkt; x-Achse: Anzahl (0, 10, 20, 30, 40, 50)

Nachgedacht
individuelle Antworten

10

a) Vier Schüler kommen zu Fuß, sieben mit dem Rad, zwei mit dem Auto, acht mit dem Bus und drei mit dem Zug.

b) Mindestens zwei Schüler werden von ihren Eltern zur Schule gebracht. Das sind diejenigen, die mit dem Auto kommen. Die anderen Verkehrsmittel (Rad, Bus, Zug) können von den Schülern auch selbständig benutzt werden.

11

a) Wegen fehlender Beschriftungen ist auf den ersten Blick nicht zu erkennen, an welcher Achse die Startnummern und an welcher die gelaufenen Rundenanzahlen stehen. Nur durch Vergleich mit der Tabelle lässt sich feststellen, dass an der x-Achse die gelaufenen Runden und an der y-Achse die Startnummern stehen. Das ist unpraktisch, denn sobald zwei Schüler dieselbe Rundenanzahl laufen, lässt sich das aus Platzgründen nicht mehr ins Diagramm einzeichnen.

b) *Diagramm – Titel: „Trainingsergebnisse Dauerlauf"; y-Achse: gelaufene Runden (0–6); x-Achse: Start-Nr. (1–5)*

---

19 11 *(Fortsetzung)*

c) Zahlen, die keine Messgrößen sind, sondern nur der Nummerierung dienen, gehören bei einem Säulendiagramm an die x-Achse, bei einem Balkendiagramm an die y-Achse. Die Achsen sollten so beschriftet sein, dass auf den ersten Blick erkennbar ist, welche Daten dargestellt sind. Zur Klarheit kann auch eine treffende Überschrift beitragen.

24 Vermischte Übungen

1

① → d)   ② → a)

③ → b)   ④ → c)

2

orange	gelb	blau	grün	rot
|||	||||̶ ||||̶	||||̶ |||	||||	||||̶	

3

zufallsabhängige Lösungen

4

individuelle Lösungen

Zum Weiterarbeiten

individuelle Lösungen

25 5

① z. B. monatliches Taschengeld der angegebenen Schülerinnen und Schüler

② z. B. Anzahl der Geburten oder der Todesfälle in einem Jahr

③ z. B. täglicher Futterverbrauch der angegebenen Haustiere

6

Die y-Achse beginnt nicht bei 0, sondern bei 40. Dadurch wird unten ein Teil der Säulen abgeschnitten. Von der Säule für die Käsesemmeln bleibt infolgedessen fast nichts mehr übrig und die Längenverhältnisse der Säulen werden verfälscht.

7

a) Yasmin war die Beste im Seilspringen.

b) Lea war die Schlechteste in Liegestützen.

c) individuelle Aufgaben und Lösungen

c) Zahlen, die keine Messgrößen sind, sondern nur der Nummerierung dienen, gehören bei einem Säulendiagramm an die x-Achse, bei einem Balkendiagramm an die y-Achse. Die Achsen sollten so beschriftet sein, dass auf den ersten Blick erkennbar ist, welche Daten dargestellt sind. Zur Klarheit kann auch eine treffende Überschrift beitragen.

③ → b)   ④ → c)

2

orange	gelb	blau	grün	rot
||||	||||̶ |||	||||̶ ||||̶	||||̶ |||	||||̶ ||||̶

3

zufallsabhängige Lösungen

6

Die y-Achse beginnt nicht bei 0, sondern bei 40. Dadurch wird unten ein Teil der Säulen abgeschnitten und die Längenverhältnisse der Säulen werden verfälscht. In Wirklichkeit wurden nur etwa 1,2-mal so viele Wurstsemmeln wie Brezen verkauft.

7

Seilspringen: $52 - 28 = 24$

Sprünge auf einem Bein: $30 - 8 = 22$

Liegestütze: $18 - 5 = 13$

25

8

Pedro hat in 20 Fußballspielen 12 Tore geschossen, das sind durchschnittlich drei Tore in fünf Spielen oder neun Tore in 15 Spielen. Dominik hat in nur 11 Spielen 10 Tore geschossen und erzielte damit eine deutlich bessere Torausbeute pro Spiel als Pedro. Pedro konnte nur deshalb zwei Tore mehr erzielen als Dominik, weil er in mehr Spielen eingesetzt wurde.

9
Gruppenarbeit

26 10
individuell

11
a) Sankt Englmar (370 m) < Ziegelwies (480 m) < Skywalk Allgäu (540 m) < Bayerischer Wald (1300 m)
b) schulabhängige Lösungen
c) Ziegelwies (21 m) < Sankt Englmar (30 m) < Skywalk Allgäu (40 m) < Bayerischer Wald (44 m)

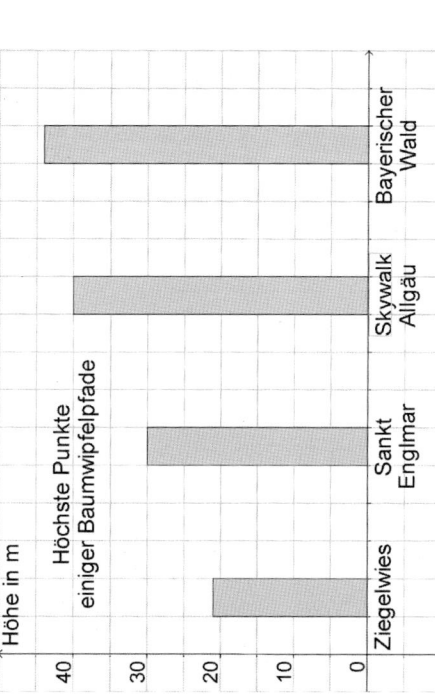

8

In der Klasse 5a sind weniger als die Hälfte der Schülerinnen und Schüler in einem Sportverein (die Hälfte wären 12), in der Klasse 5b hingegen sind es genau die Hälfte. Folglich ist die Klasse 5b sportlicher, obwohl es dort in absoluten Zahlen einen Vereinssportler weniger gibt. Für eine gerechte Beurteilung müssen die unterschiedlichen Klassenstärken berücksichtigt werden.

9
Gruppenarbeit

26 12

Justus' Wegstrecke war 750 m lang, er ging also den längeren Weg über D und benutzte nicht die direkte Abkürzung von C nach E. Die längste Pause (von 11.00 Uhr bis 11.20 Uhr, also 20 Minuten) machte er nach Punkt E, er schaute sich also die Baumbibliothek länger an. Eine weitere längere Pause von zehn Minuten machte er nach 500 m am Punkt C, dort befindet sich der Vogellauschtisch. Zwei kurze Pausen von jeweils fünf Minuten legte er außerdem am Fernglas (Punkt B) und an den Fühlkästen (Punkt D) ein. Auf den Teilstrecken von A nach B und von B nach C legte Justus jeweils 200 m in zehn Minuten zurück, dies entspricht einer Geschwindigkeit von 1,2 km/h. Er ging also langsam und gemütlich. Auf den nachfolgenden Teilstrecken legte er jeweils 50 m in fünf Minuten bzw. 100 m in zehn Minuten zurück, damit war er mit 0,6 km/h nur noch halb so schnell unterwegs. Insgesamt benötigte er für die ganze Strecke 90 Minuten.

13
Gruppenarbeit

Die natürlichen Zahlen

Natürliche Zahlen ordnen und vergleichen

31 Entdecken

1
a) Folgende Zahlen werden zur Nummerierung verwendet: Hausnummer, Postleitzahl, Telefonnummer, Platznummern am Siegertreppchen. Die Zahlen auf dem Zifferblatt der Uhr sind ein Grenzfall: Einerseits werden damit die Stunden des Tages nummeriert (auf manchen Uhren gibt es zusätzlich noch die Zahlen 13 bis 24), andererseits bildet das Zifferblatt eine Skala, die der Zeitmessung dient und auch Bruchteile von Stunden (meist Fünftel, also 12-Minuten-Abschnitte) enthält.

b) Folgende Zahlen werden nicht zur Nummerierung verwendet: Preisangabe der Äpfel, angezeigtes Gewicht auf der Waage, Zentimeterangaben auf dem Lineal. Diese Zahlen werden benutzt, um Größen (z. B. Geldbeträge, Massen, Längen, Zeiten) festzulegen oder zu messen. Letzteres gilt auch für die Zahlen auf der Uhr.

c) individuelle Lösungen

2
a) ① ✱ ✱ ● ● ● ■ ...
② ○ ⊙ ● ○ ○ □ ...
③ ⊙ ⊙ ○ ○ ○ ⊙ ...
④ ▲ ▲ ▼ ▲ ▼ ▲ ▼ □ □ ...

b) ① 2; 4; 6; 8; 10; 12; 14; 16; 18; 20; 22; 24; 26; 28; 30; 32; 34; 36; 38; 40; 42; 44; 46; ...
② 36; 33; 30; 27; 24; 21; 18; 15; 12; 9; 6; 3; 0 (; −3; −6; ...)
③ 11; 16; 21; 26; 31; 36; 41; 46; 51; 56; 61; 66; 71; 76; 81; 86; 91; 96; 101; 106; 111; ...
④ 1; 2; 4; 8; 16; 32; 64; 128; 256; 512; 1024; 2048; 4096; 8192; 16 384; 32 768; ...

c), d) individuelle Lösungen

3
a) 20; 22; 24; 26; 28; 30; 32; 34; 36; 38; 40   b) 11; 14; 17; 20; 23; 26; 29
c) 9; 8; 7; 6; 5; 4; 3; 2; 1
d) 76; 75; 74; 73; 72; 71; 70; 69; 68; 67; 66; 65; 64; 63; 62; 61; 60; 59; 58; 57; 56; 55; 54; 53; 52; ...

33 Üben und anwenden

1
individuelle Lösungen

2
a) 45 min b) 90 min c) 365 oder 366
d) kann verschieden sein, oft 2 m oder 4 m
e) individuell

33

3

Vorgänger	Zahl	Nachfolger
a) 998	999	1000
b) 6181	6182	6183
c) 72 903	72 904	72 905

4
a) 50; 52; 54; 56; 58; 60; ...
50; 48; 46; 44; 42; 40; ...
50; 55; 60; 65; 70; 75; ...
50; 45; 40; 35; 30; 25; ...
50; 60; 70; 80; 90; 100; ...
50; 40; 30; 20; 10; 0

b) 600; 602; 604; 606; 608; 610; ...
600; 598; 596; 594; 592; 590; ...
600; 605; 610; 615; 620; 625; ...
600; 595; 590; 585; 580; 575; ...
600; 610; 620; 630; 640; 650; ...
600; 590; 580; 570; 560; 550; ...

c) 310; 312; 314; 316; 318; 320; ...
310; 308; 306; 304; 302; 300; ...
310; 315; 320; 325; 330; 335; ...
310; 305; 300; 295; 290; 285; ...
310; 320; 330; 340; 350; 360; ...
310; 300; 290; 280; 270; 260; ...

d) 295; 297; 299; 301; 303; 305; ...
295; 293; 291; 289; 287; 285; ...
295; 300; 305; 310; 315; 320; ...
295; 290; 285; 280; 275; 270; ...
295; 305; 315; 325; 335; 345; ...
295; 285; 275; 265; 255; 245; ...

5
a) 0; 2; 6; 11   b) 1; 3; 7; 11
d) 2; 14; 26; 38; 42

6
a) 28; 34; 36; 42; 46
b) 58; 64; 78; 84; 96

7
(Zahlenstrahl: 0 3 5 6 10 12 15 17 20 23 25 / 9 11 14 19 21)

3

Vorgänger	Zahl	Nachfolger
a) 9 999 998	9 999 999	10 000 000
b) 6999	7000	7001
c) 1 Mio.	1 000 001	1 000 002

4
a) 105; 110; 115; 120; 125; 130; ...
105; 100; 95; 90; 85; 80; ...
105; 109; 113; 117; 121; 125; ...
105; 101; 97; 93; 89; 85; ...
105; 108; 111; 114; 117; 120; ...
105; 102; 99; 96; 93; 90; ...

b) 703; 708; 713; 718; 723; 728; ...
703; 698; 693; 688; 683; 678; ...
703; 707; 711; 715; 719; 723; ...
703; 699; 695; 691; 687; 683; ...
703; 706; 709; 712; 715; 718; ...
703; 700; 697; 694; 691; 688; ...

c) 1004; 1009; 1014; 1019; 1024; 1029; ...
1004; 999; 994; 989; 984; 979; ...
1004; 1008; 1012; 1016; 1020; 1024; ...
1004; 1000; 996; 992; 988; 984; ...
1004; 1007; 1010; 1013; 1016; 1019; ...
1004; 1001; 998; 995; 992; 989; ...

d) 2788; 2793; 2798; 2803; 2808; 2813; ...
2788; 2783; 2778; 2773; 2768; 2763; ...
2788; 2792; 2796; 2800; 2804; 2808; ...
2788; 2784; 2780; 2776; 2772; 2768; ...
2788; 2791; 2794; 2797; 2800; 2803; ...
2788; 2785; 2782; 2779; 2776; 2773; ...

c) 3; 9; 11; 17; 24
e) 40; 200; 320; 360

6
a) 130; 160; 220; 280; 330
b) 340; 460; 520; 680

7
a) (Zahlenstrahl: 0 2 4 5 7 10 13 15 17 20 22 25)
b) (Zahlenstrahl: 0 1 3 5 6 10 13 15 17 20 25 / 14 19 21 24 26)

34 8

a)

b) Luise hat eine ungeeignete Einheitsstrecke (1 cm) gewählt.

c) Einheitsstrecke und Ausschnitt des Zahlenstrahls sollten stets so gewählt werden, dass alle darzustellenden Zahlen innerhalb des Ausschnitts zu liegen kommen, gut über die gesamte Länge des Ausschnitts verteilt sind und der zur Verfügung stehende Platz auf dem Papier gut ausgenutzt wird. In diesem Falle sind 1 mm oder 2 mm geeignete Einheitsstrecken, die größte Zahl 90 liegt dann 9 cm bzw. 18 cm von der Null entfernt.

9

a)

b)

c)

10

Nachgedacht

Wetterdaten lassen sich nur ungefähr voraussagen, niemals ganz genau.

11

12

a) Beispiele: 35 m ist kleiner als 47 m; 50 m ist größer als 47 m; 53 m ist größer als 50 m;
35 m ist kleiner als 50 m; 47 m ist kleiner als 53 m; 53 m ist größer als 35 m.

b) 35 m < 47 m < 50 m < 53 m

13

a) 13 < 18   b) 876 > 678
c) 4872 < 8742   d) 75 199 < 75 909
e) 87 699 < 87 788   f) 17 876 < 17 911

---

34 14

7079 < 7889 < 7908 < 7999 < 8000 < 8009
8009 > 8000 > 7999 > 7908 > 7889 > 7079

Große natürliche Zahlen im Dezimalsystem

35 Entdecken

1

eins; zehn; einhundert; eintausend; zehntausend; einhunderttausend; eine Million; zehn Millionen; einhundert Millionen; eine Milliarde; zehn Milliarden; einhundert Milliarden

2

① Gruppenarbeit. Bei den Ziffern in der Abbildung ist 98 752 die größte und 25 789 die kleinste Zahl.

② Gruppenarbeit

③ Die größte mögliche Zahl ist 53 100. Die kleinste Zahl ist 00 135 oder 10 035, je nachdem, ob Nullen am Anfang zugelassen werden oder nicht.
Nullen am Anfang einer Zahl dürfen weggelassen werden, Nullen nach anderen Ziffern jedoch nicht, da sonst die vor den Nullen befindlichen Ziffern auf eine andere Position verschoben werden und sich dadurch der Wert der Zahl ändert.

3

a) 7; 736; 3 000 000; 88; 12 000; 50 000 000; 8 000 000 000; 7 000 000 000

b)
7
88
736
12 000
3 000 000
50 000 000
7 000 000 000
8 000 000 000

Zum Weiterarbeiten

Gruppenarbeit

4

eintausendfünfhundertdreiundachtzig; eintausendneunhundertneunundsechzig;
zehntausendeinhundert; fünfzehntausendachthundert;
zwanzigtausendzwanzig; dreißigtausenddrei;
einhunderttausendfünfhundertzwanzig;
eine Million dreihundertachtzigtausendfünfhundert;
zwei Millionen vierhunderttausendfünfzig;
zweihundertzwölf Millionen zwölftausendzwölf;
acht Milliarden fünfzig Millionen achthundertachttausendfünf;
neun Milliarden dreißig Millionen siebenhundertzwölftausenddrei

36 Verstehen

Nachgedacht

Die Abkürzungen haben folgende Bedeutungen:
E: Einer; Z: Zehner; H: Hunderter; T: Tausender; ZT: Zehntausender.
Fortsetzung:
HT: Hunderttausender; Mio.: Millionen; ZMio.: zehn Millionen; HMio: hundert Millionen;
Mrd.: Milliarden; ZMrd.: zehn Milliarden; HMrd: hundert Milliarden.

37 Üben und anwenden

1

dreihundertsechsundsiebzig Millionen vierhundertneunzehntausenddreihundertachtundsechzig;
dreiunddreißig Millionen sechshundertzweiundneunzigtausenddreihundertachtzig;
sieben Milliarden neunhundertachtundachtzig Millionen zweihundertsechsundfünfzigtausendeinhundert;
einhundertdreiundsiebzig Milliarden neunhundertfünfundvierzig Millionen sechshundertzweitausendvierhundertdrei

2

	Milliarden			Millionen			Tausender			Einer		
	HM	ZM	Mr.	HM	ZM	Mi.	HT	ZT	T	H	Z	E
a)								8	4	5	8	6
b)							9	0	3	8	5	7
c)						7	2	9	4	4	0	3
d)				8	4	9	2	3	4	0	3	1
e)		2	5	9	2	8	7	4	5	6	8	7
f)	4	5	1	8	9	9	2	3	7	4	7	4

a) vierundachtzigtausendfünfhundertsechsundachtzig
b) neunhundertdreitausendachthundertsiebenundfünfzig
c) sieben Millionen zweihundertvierundneunzigtausendvierhundertdrei

2

	Tausender			Einer		
	HT	ZT	T	H	Z	E
a)				8	5	0
				9	0	0
				9	5	0
b)			3	7	2	0
			3	7	3	0
			3	7	4	0
c)	2	3	1	3	6	4
	2	3	1	4	6	4
	2	3	1	5	6	4
d)			2	4	8	8
			3	4	8	8
			4	4	8	8
e)	6	7	6	4	5	0
	6	7	5	4	5	0
	6	7	4	4	5	0

a) Die Zahlen erhöhen sich jeweils um 50.
b) Die Zehnerstelle erhöht sich jeweils um 1, die Zahl damit um 10.
c) Die Hunderterstelle erhöht sich um 1, die Zahl damit um 100.

37

2 (Fortsetzung)

d) achthundertneunundvierzig Millionen zweihundertvierunddreißigtausendeinunddreißig
e) fünfundzwanzig Milliarden neunhundertachtundzwanzig Millionen siebenhundertfünfundvierzigtausendsechshundertsiebenundachtzig
f) vierhunderteinundfünfzig Milliarden achthundertneunundneunzig Millionen zweihundertsiebenunddreißigtausendvierhundertvierundsiebzig

3

Die Stellenwerttafeln wurden hier aus Platzgründen weggelassen.

a) 30 405
31 405
32 405
33 405
34 405
35 405
36 405
37 405

Die Tausenderstelle erhöht sich jeweils um 1, die Zahl damit um 1000.

b) 127 797 642 014
127 797 641 014
127 797 640 014
127 797 639 014
127 797 638 014
127 797 637 014
127 797 636 014

Die Tausenderstelle verringert sich jeweils um 1, die Zahl damit um 1000.
Beim Übergang von der dritten zur vierten Zahl verändert sich wegen des Zehnerübergangs die Tausenderstelle von 0 zu 9 und die Zehntausenderstelle von 4 zu 3.

2 (Fortsetzung)

d) Die Tausenderstelle erhöht sich jeweils um 1, die Zahl wird dadurch um 1000 größer.
e) Die Tausenderstelle verringert sich jeweils um 1, die Zahl wird dadurch um 1000 kleiner.

3

Die Stellenwerttafeln wurden hier aus Platzgründen weggelassen.

a) 45 609 978 273
45 609 988 273
45 609 998 273
45 610 008 273
45 610 018 273
45 610 028 273
45 610 038 273

Die Zehntausenderstelle erhöht sich jeweils um 1, die Zahl damit um 10 000.
Beim Übergang von der dritten zur vierten Zahl wirkt sich das wegen mehrerer aufeinanderfolgender Neunen bis in die Zehn-Millionen-Stelle aus.

b) 980 337 102 931
980 337 100 931
980 337 098 931
980 337 096 931
980 337 094 931
980 337 092 931
980 337 090 931

Die Tausenderstelle verringert sich jeweils um 2, die Zahl damit um 2000.
Beim Übergang von der 2. zur 3. Zahl verändert sich wegen des Zehnerübergangs die Tausenderstelle von 0 zu 8, die Zehntausenderstelle von 0 zu 9 und die Hunderttausenderstelle von 1 zu 0.

37 Zum Weiterarbeiten

individuelle Lösungen

4

eintausendachthundertneunundsiebzig;
sechsunddreißigtausendeinhundert;
einhundertelftausendfünfhundertzwanzig;
zwei Millionen vierhundertvierundvierzig-
tausendfünfzig;
einhundertdreiundzwanzigtausend-
einhundertdreiundzwanzig;
neunhundertneunundneunzig Millionen
neunhundertneunzigtausend-
neunhundertneunzig

Nachgedacht

Die Euro-Beträge werden auch in Zahlwörtern angegeben, um nachträgliche Fälschungen zu erschweren. Außerdem sind handgeschriebene Ziffern manchmal schwer lesbar. In diesen Fällen sorgt das Zahlwort für Klarheit.

5

① → d) ② → a) ③ → c) ④ → b)

38

6

	Million		Tausender			Einer		
	ZMio.	Mio.	HT	ZT	T	H	Z	E
a)							6	9
b)								
c)				5	9	0	3	0
d)	4	0	1	0	0	0	0	5
e)		4	0	1	2	0	2	0
f)		7				0	0	1

4

zehntausendeinhundert;
zweiunddreißigtausend-
einhundert;
einhundertdreiundzwanzig;
siebenhunderttausendsiebenhundertzehn;
vier Millionen neunhundertsechzig-
tausendfünfhundert;
drei Milliarden fünfzig Millionen
dreihundertviertausendfünf;
neunhundertneun Milliarden
dreißig Millionen
einhundertsiebentausenddrei

5

① → c) ② → d) ③ → a) ④ → b)

7

	Mio.	Tausender			Einer		
	Mio.	HT	ZT	T	H	Z	E
Augsburg		3	0	0	0	0	0
München	1	4	5	0	0	0	0
Nürnberg		5	0	5	0	0	0
Regensburg		1	5	0	0	0	0

	Mrd.	Millionen			Tausender			Einer		
	Mrd.	HM	ZM	Mi	HT	ZT	T	H	Z	E
Pl	5	9	0	6	3	8	0	0	0	0
Ur	2	8	7	2	4	6	0	0	0	0
Ma		2	2	7	9	4	0	0	0	0
Er		1	4	9	6	0	0	0	0	0
Me			5	7	9	1	0	0	0	0

(Angaben in km)

8

	Mrd.		Millionen			Tausender			Einer		
	ZM	Mr	HM	ZM	Mi	HT	ZT	T	H	Z	E
a)	7	6	0	0	0	0	9	8	0	0	4
b)				2	9						
c)				2	0						
d)	2	4									
e)	2	5	1	4	7	3	9	6	4	2	5

38

8

	Mrd.	Millionen			Tausender			Einer		
	Mrd.	HM	ZM	Mi	HT	ZT	T	H	Z	E
a)				7	0	0	0	3	5	4
b)		5	2	2	8	2	9	2	7	8
c)			1	2	4	5	7	0	0	1
d)	2	3	2	5	4	2	6	2	7	2
e)	7	7	0	0	0	3	0	5	7	0	3

9

a) Eine natürliche Zahl ist umso größer, je mehr Ziffern sie besitzt. Deshalb sollten alle vorhandenen Karten verwendet werden. Um eine möglichst große Zahl zu erhalten, sollten außerdem auf den führenden Positionen möglichst große Ziffern stehen. Es ist deshalb am günstigsten, mit der Karte 8 zu beginnen und danach die Karten 67; 2; 14; 103 in dieser Reihenfolge anzufügen. So erhält man die eindeutig bestimmte größte Zahl 867 214 103.

b) Bei dieser Aufgabe sollten die führenden Ziffern möglichst klein sein. Deshalb beginnt man mit der Karte 103 und setzt dann mit 14; 2; 67; 8 fort. Auf diese Weise ergibt sich die eindeutig bestimmte kleinste Zahl 103 142 678.

c) Auch hier sollten die führenden Ziffern möglichst klein sein. Deshalb gehört die Karte 103 an den Anfang, gefolgt von 14 und 2. Es ergibt sich eindeutig die Lösung 103 142.

d) Hier gibt es mehrere Lösungen. Möglich sind alle mit den Karten auslegbaren sechsstelligen Zahlen, die mit der Ziffer 1 beginnen:
103 142; 103 148; 103 214; 103 267; 103 672; 103 678; 103 814; 103 867;
141 032; 141 038; 142 103; 142 678; 142 867; 146 728; 146 782;
148 103; 148 267; 148 672.

10

a) $4 \cdot 1000 + 3 \cdot 100 + 5 \cdot 10 + 7 \cdot 1$
$= 4357$

b) $6 \cdot 1000 + 0 \cdot 100 + 6 \cdot 10 + 9 \cdot 1$
$= 6069$

c) $2 \cdot 1000 + 0 \cdot 100 + 0 \cdot 10 + 1 \cdot 1$
$= 2001$

d) 2 Mio. + 0 HT + 8 ZT + 7 T +
4 H + 0 Z + 3 E = 2 087 403

10

a) $7 \cdot 1\,000\,000 +$
$8 \cdot 100\,000 + 5 \cdot 10\,000 + 3 \cdot 1000 +$
$1 \cdot 100 + 3 \cdot 10 + 2 \cdot 1 = 7\,853\,132$

b) $8 \cdot 100\,000 + 0 \cdot 10\,000 + 1 \cdot 1000 +$
$6 \cdot 100 + 2 \cdot 10 + 4 \cdot 1 = 801\,624$

c) 7 HMio. + 4 Mio. + 9 ZT + 3 T + 1 E =
704 093 001

11

a) 1 113 482 < 1 113 842
b) 1 101 100 > 1 100 111
c) 210 201 202 120 > 210 201 200 120
d) 75 567 667 657 < 75 567 676 657
e) 484 455 544 584 > 484 454 588 845
f) 209 299 209 299 > 209 209 299 299

12

individuelle Lösungen

12

individuelle Lösungen

Große Zahlen runden

39 Entdecken

1

a) Die Zahlen lassen sich gut merken, da sie kurz sind und nur wenige Ziffern enthalten.

b) Man erkennt es an folgenden Wörtern im Text: „ungefähr", „rund", „ca.", „nahezu". Außerdem eignen sich z. B. noch die Wörter: „etwa", „geschätzt", „über", „mehr als", „fast", „weniger als".

c) Gruppenarbeit

2

① Diese Aussage ist sinnvoll. Die nach den verkauften Karten ermittelte Zahl von 63 714 Zuschauern wurde korrekt auf Tausender gerundet. Das ist nicht zu grob gerundet, aber auch keine übertriebene Genauigkeit. Durch das Wort „Fast" wird auch noch klargestellt, dass es nicht mehr, sondern etwas weniger als 64 000 Zuschauer waren.

② Diese Aussage ist übertrieben genau, denn es wird immer einige Zuschauer geben, die aus unterschiedlichsten Gründen trotz gekaufter Karte nicht ins Stadion kommen können oder das Stadion vorzeitig verlassen. Außerdem dauert das Verlesen der Zahl bei einer Lautsprecherdurchsage übermäßig lange.

③ Die Aussage ist korrekt, die Zahl wurde allerdings etwas grob auf Zehntausender gerundet. Fußballfans, die genau wissen möchten, ob es rund 61 000, 62 000 oder 64 000 Zuschauer gewesen sind, werden mit dieser Ansage nicht zufrieden sein.

3

a) ① Die Zahl 3800 liegt näher an 4000 als an 3000.

② Die Zahl 12 120 ist 12 000 näher als 13 000.

b) ①

100 120 130(×) 140 160 180 200

Die Zahl 130 ist 100 näher als an 200.

②

1000 1200 1400 1600 1700(×) 1800 2000

Die Zahl 1700 liegt näher an 2000 als an 1000.

c) ① Die Zahl 344 ist 340 näher als 350, denn 344 – 340 = 4; 350 – 344 = 6; 4 < 6.

② Die Zahl 107 067 817 liegt näher an 107 067 820 als an 107 067 810, denn es ist 107 067 817 – 107 067 810 = 7; 107 067 820 – 107 067 817 = 3; 7 > 3.

40 Üben und anwenden

1

	Mio.	Tausender			Einer		
	Mio.	HT	ZT	T	H	Z	E
a)					7	1	2
					5	3	6
				1	0	8	9
				8	7	5	3
b)				3	4	5	6
				9	6	2	4
		6	4	3	8	8	
				9	9	9	9
c)		1	6	2	5	5	
		7	8	6	4	3	
	1	2	4	5	0	0	1

Gerundete Zahlen:

a) 710; 540; 1090; 8750

b) 3500; 9600; 64 400; 10 000

c) 16 000; 79 000; 1 245 000

2

- auf Zehner: 394 630
- auf Hunderter: 394 600
- auf Tausender: 395 000
- auf Zehntausender: 390 000
- auf Hunderttausender: 400 000

1

	Millionen			Tausender			Einer		
	HM	ZM	Mio.	HT	ZT	T	H	Z	E
a)					6	6	7	1	3
b)				1	7	7	3	4	5
c)				1	2	7	2	7	2
d)					9	8	4	5	6
e)					1	1	1	9	1
f)	9	9	9	8	8	8	1	1	0

Gerundete Zahlen:

a) 66 710; 66 700; 70 000; 100 000

b) 177 350; 177 300; 180 000; 200 000

c) 127 270; 127 300; 130 000; 100 000

d) 98 460; 98 500; 100 000; 100 000

e) 11 190; 11 200; 10 000; 0

f) 999 888 110; 999 888 100;
999 990 000; 999 900 000

2

- auf Zehner: 178 394 630
- auf Hunderter: 178 394 600
- auf Tausender: 178 395 000
- auf Zehntausender: 178 390 000
- auf Hunderttausender: 178 400 000
- auf Millionen: 178 000 000
- auf Zehnmillionen: 180 000 000
- auf Hundertmillionen: 200 000 000

3

a) Der Elefant im Zoo wiegt etwa 3100 kg (oder etwa 3 Tonnen). Diese Zahl kann gerundet werden, denn eine Angabe auf Kilogramm genau kann sich z. B. beim Fressen schnell ändern und interessiert auch kaum jemanden (außer vielleicht den Tierarzt).

41 3

a) Telefonnummern dürfen nicht gerundet werden, denn dies würde dazu führen, dass ein falscher Teilnehmer angerufen wird.

41

3 *(Fortsetzung)*

b) Diese Zahl kann gerundet werden, z. B. auf 5947 Millionen km. Bei Entfernungen bedeuten sechs von Null verschiedene Ziffern oft eine übertriebene Genauigkeit, die in Wirklichkeit beim Messen gar nicht erreicht wird. Außerdem wird die Zahl durch das Runden übersichtlicher, ohne dass wesentliche Information verloren geht.

c) Die Abfahrtszeit sollte nicht auf 15 Uhr gerundet werden, denn wer sich auf die gerundete Angabe verlässt und erst um 14.57 Uhr am Bahnhof oder an der Haltestelle eintrifft, verpasst den Zug oder Bus.

d) Diese Zahl darf nicht gerundet werden, denn bei einer Wüstenexpedition kommt es auf jeden einzelnen Liter Wasser an. Wenn bei einem errechneten Bedarf von 12 Litern nur 10 Liter Wasser mitgenommen werden, kann das gefährlich sein.

4

individuelle Lösungen

5

400 m; 300 m; 300 m;
210 m oder 200 m; 160 m

Nachgedacht (neben Aufgabe 5)

1347 ≈ 1300; nicht 1400. Nach der Ziffer 3 folgt eine 4, deshalb ist abzurunden.
1999 ≈ 2000; nicht 1000. Nach der Ziffer 1 folgt eine 9, deshalb ist aufzurunden.
2349 ≈ 2300; richtig. Nach der Ziffer 3 folgt eine 4, deshalb ist abzurunden.

6

1988 ≈ 2000 (auf Tausender gerundet);
2069 ≈ 2070 (auf Zehner gerundet);
2069 ≈ 2000 (auf Tausender gerundet);
2073 ≈ 2100 (auf Hunderter gerundet);
2075 ≈ 2100 (auf Hunderter gerundet);
2407 ≈ 2000 (auf Tausender gerundet).

2011 ≈ 2000 (auf Tausender gerundet);
2069 ≈ 2100 (auf Hunderter gerundet);
2073 ≈ 2070 (auf Zehner gerundet);
2073 ≈ 2000 (auf Tausender gerundet);
2075 ≈ 2000 (auf Tausender gerundet).

3 *(Fortsetzung)*

b) Ben hat 39 Punkte im Mathematiktest. Diese Zahl darf nicht gerundet werden, da sich hierdurch in manchen Fällen eine andere Note ergeben könnte.

c) Lisa hat Schuhgröße 35. Diese Zahl darf nicht gerundet werden, denn dadurch würde sich eine falsche, nicht passende Schuhgröße ergeben.

d) Tokyo ist etwa 9400 km von München entfernt. Diese Zahl darf und sollte gerundet werden, denn bei den großen Flächen dieser Städte lässt sich die Entfernung nicht sinnvoll auf einzelne Kilometer genau angeben.

e) Frau Meier bezahlt 48,92 € an der Kasse. Beim Bezahlen ist es in Deutschland unüblich, den Betrag zu runden. In Finnland hingegen würde auf 48,90 € gerundet werden, um die Verwendung von 1- und 2-ct-Münzen zu vermeiden. Wenn Frau Meier aber z. B. weitere Einkäufe getätigt hat und die Gesamtausgaben abschätzen möchte, kann sie den Preis auf 50 € runden, damit die Zahlen sich leichter im Kopf addieren lassen.

5

3,59 € ≈ 3,60 € oder 3,59 € ≈ 4 €

41

3 *(Fortsetzung)*

a) 15 bis 24; 365 bis 374; 5015 bis 5024
b) 350 bis 449; 3250 bis 3349;
46 950 bis 47 049
c) 34 500 bis 35 449;
2 998 500 bis 2 999 449

7

340: 335 bis 344; 920: 915 bis 924;
1010: 1005 bis 1014;
680: 675 bis 684;
10 000: 5000 bis 14 999;
5450: 5445 bis 5454

Nachgedacht (neben Aufgabe 7)

Beim Runden auf Hunderter können die Zahlen 50 bis 149 auf 100 gerundet werden, das sind 100 natürliche Zahlen. Mehr sind nicht möglich. Beim Runden auf Zehner sind es nur die Zahlen 95 bis 104, also zehn natürliche Zahlen.

8

a) Aufrunden auf Zehner: Es können beliebige Ziffern eingesetzt werden. Abrunden auf Zehner: Das ist unmöglich. Mit der Endziffer 8 wird immer aufgerundet.

b) Aufrunden auf Hunderter: Als Zehnerziffer ist eine 5, 6, 7, 8 oder 9 einzusetzen. Abrunden auf Hunderter: Als Zehnerziffer ist eine 0, 1, 2, 3 oder 4 einzusetzen. Die Zehntausenderziffer kann jeweils beliebig sein.

c) Aufrunden auf Hunderttausender: Als Zehntausenderziffer ist eine 5, 6, 7, 8 oder 9 einzusetzen. Die Zehnerziffer kann beliebig sein. Abrunden auf Hunderttausender: Als Zehntausenderziffer ist eine 0, 1, 2, 3 oder 4 einzusetzen. Die Zehntausenderziffer kann beliebig sein.

Bunt gemischt

1

a) ① 23 + 12 = 35   ② 68 + 8 = 76   ③ 538 + 13 = 551   ④ 37 + 73 = 110
b) ① 47 − 17 = 30   ② 35 − 18 = 17   ③ 151 − 12 = 139   ④ 292 − 48 = 244
c) ① 15 · 3 = 45   ② 11 · 11 = 121   ③ 19 · 4 = 76   ④ 0 : 17 = 0
d) ① 54 : 6 = 9   ② 81 : 3 = 27   ③ 126 : 7 = 18   ④ 225 : 15 = 15

Strategie: Schätzen mit Professor Fermi

42 Üben und anwenden

1

a) ① Die Frage „Wie oft esse ich im Monat ein Eis?" ist hilfreich, denn ein Monat ist besser überschaubar als ein Jahr. Die Frage nach den Eissorten trägt nichts zur Lösung bei.
② Lara hat die Berechnung nur für ein Jahr durchgeführt und nicht wie gefordert für zehn Jahre. Bei vier Kugeln Eis im Monat isst sie in zehn Jahren 480 Kugeln. Diese Rechnung ist allerdings nur dann korrekt, wenn Lara jedesmal nur eine Kugel und nicht mehrere isst. Wenn Lara im Sommer mehr Eis isst als im Winter, empfiehlt es sich, für die Sommer- und Wintermonate getrennte Rechnungen durchzuführen.

b) Partnerarbeit   c) individuelle Lösungen

2

schulabhängige Lösungen

Strategie: Schätzen mit der Rastermethode

43 Üben und anwenden

1
In jedem der zwölf Felder befinden sich etwa zehn Schokolinsen. Damit kann die Gesamtzahl auf ca. 120 geschätzt werden.

Das Bild lässt sich in 7 senkrechte 1-cm-Streifen mit jeweils etwa 60 Holzscheiten oder in $7 \cdot 4 = 28$ Zentimeterquadrate mit jeweils ca. 15 Holzscheiten aufteilen. Damit erhält man eine Gesamtzahl von ca. $7 \cdot 4 \cdot 15 = 7 \cdot 60 = 420$ Holzscheiten.

2
Es sind etwa 140 Erdbeeren zu sehen. Man kann das Bild z. B. in sieben senkrechte Streifen von je 1 cm Breite unterteilen. In jedem dieser Streifen befinden sich etwa 20 Erdbeeren.

Man kann das Foto z. B. in sieben vertikale, 1 cm breite Streifen unterteilen. Wenn nur kleine Schirme zu sehen wären, würden sich in jedem Streifen ca. 40 Schirme befinden, insgesamt also 280 Schirme. Es sind aber auch sieben größere Sonnenschirme zu sehen. Jeder davon benötigt etwa so viel Fläche wie sieben kleine Schirme. Von der Zahl 280 sind also $7 \cdot 6 = 42 \approx 40$ Schirme abzuziehen. Damit ergibt sich als Schätzung eine Zahl von ca. 240 Schirmen.

Nachgedacht
Gruppenarbeit

46 Vermischte Übungen

1
a) 324   b) 17 000 000   c) 20 000 000 000   d) 20 020   e) 8 000 008 000

2
a) 300; 600; 1000; 1300; 1800; 2300
b) 400 000; 800 000; 2 400 000; 3 400 000; 4 400 000

3
a) 3005 < 3050 < 3500 < 5003 < 5030
b) 45 465 < 45 564 < 46 554 < 65 445

1
a) 3 010 000 781   b) 999 000 000 000   c) 500 000   d) 21 021   e) 861 000 111 009

2
a) 21 000 000 000; 25 000 000 000; 28 000 000 000; 34 000 000 000; 38 000 000 000; 42 000 000 000;
b) 1 000 025; 1 000 175; 1 000 325; 1 000 475; 1 000 525

3
a) 77 177 < 717 777 < 771 777 < 1 117 111
b) 785 612 < 786 125 < 786 512 < 875 612

45

4 Es sind etwa 70 Heftzwecken zu sehen.

5 Die kleinste natürliche Zahl ist 0. Eine größte natürliche Zahl gibt es nicht.

6
a) 10 010 < 10 100
b) 90 909 > 90 899
c) 8 710 543 > 8 710 443
d) 1 117 876 < 1 127 876

7 Da am oberen Bildrand mehr Blüten zu sehen sind, dürfen bei der Rastermethode nur senkrechte Streifen verwendet werden, keine Kästchen wie im linken Bild. Diese Streifen dürfen auch nicht zu schmal sein, da die Blüten im unteren Bereich des Bildes etwas ungleichmäßig verteilt sind. Teilt man das Bild z. B. in sieben senkrechte Streifen der Breite 1 cm auf, so befinden sich in jedem Streifen etwa 40 Blüten, damit ergibt sich eine geschätzte Gesamtzahl von etwa 280 oder gerundet 300 Blüten.

46

5 Die kleinste dreistellige natürliche Zahl ist 100. Die größte sechsstellige natürliche Zahl ist 999 999.

6
a) 4596 > 4569
b) 99 199 > 91 999
c) 90 099 < 99 099
d) 91 298 = 91 298

7 Es sind etwa 30 Bienen. Da die Bienen ungleichmäßig verteilt sind, genügt es nicht, nur in einem Kästchen die Bienen zu zählen und diese Zahl mit der Anzahl der Kästchen zu multiplizieren. In diesem Sinne ist die Rastermethode nicht anwendbar. Allerdings erleichtert die Rasterung das vollständige Auszählen der Bienen, man behält so besser den Überblick.

8 Es handelt sich um die Zahlen 3058 und 3064. Die Zahl 3058 ist beim Runden auf Zehner wegen der Endziffer 8 aufzurunden, die Zahl 3064 ist wegen der Endziffer 4 abzurunden.
Die anderen Zahlen liefern beim Runden auf Zehner folgende Ergebnisse: $3079 \approx 3080$; $3700 \approx 3700$; $3075 \approx 3080$; $3065 \approx 3070$. (Bei Endziffer 5 ist aufzurunden.)

47

9
a) Die Kontonummer lautet 114 084 645. Kontonummern dürfen nicht gerundet werden, da sich hierdurch die Kontonummer eines anderen Bankkunden oder eine ungültige Nummer ergibt.
b) Die Lichtgeschwindigkeit beträgt rund 300 000 Kilometer in der Sekunde. Hier ist Runden möglich und sinnvoll. Für viele praktische Rechnungen genügt die auf Tausender gerundete Zahl, und mit dieser lässt es sich hier sogar sehr einfach rechnen.
c) Für die Wüstenexpedition reichen die Wasservorräte für 117 Tage. Diese Zahl darf nicht gerundet werden, denn ohne eine Einschränkung des täglichen Verbrauchs (falls das überhaupt möglich ist) reichen die Vorräte nicht für 120 Tage.

47 10

a) 840; 850; 860; 870; 880; 890
Von einer Zahl zur nächsten wird jeweils 10 addiert.

b) 5950; 5900; 5850; 5800; 5750; 5700
Von einer Zahl zur nächsten wird jeweils 50 subtrahiert.

c) 800; 1600; 3200; 6400; 12 800; 25 600
Die Zahl wird jeweils verdoppelt.

11

Individuelle Lösungen. Beispiele:
a) 748; 848; 948; 1048; 1148; 1248; ...
b) 11 727; 10 727; 9727; 8727; 7727; ...
c) 73 476; 83 476; 73 476; 83 476; ...
Es wiederholen sich immer wieder dieselben beiden Zahlen.

12

• An der y-Achse muss anstelle der Zahl 400 eine 4000 stehen.
• Die Zahlen wurden auf Tausender gerundet. Dadurch ergibt sich eine sehr grobe Darstellung, bei der z. B. die Höhenunterschiede zwischen Ätna und Zugspitze sowie zwischen Brocken und Langenberg nicht mehr sichtbar sind. Eine anschaulichere Darstellung würde sich beim Runden auf Hunderter ergeben.
• Der Name des Berges Großglockner wurde falsch wiedergegeben.

13

Rhein: 1200 km
Mississippi: 4100 km
Jangtsekiang: 6300 km
Amazonas: 6400 km
Wolga: 3700 km
Nil: 6700 km

Flusslängen
Rhein, Mississippi, Jangtsekiang, Amazonas, Wolga, Nil
0   2000   4000   6000   km

10

a) 92 139 123; 92 139 124; 92 139 125; 92 139 126; 92 139 127; 92 139 128
Die Zahl wird jeweils um 1 erhöht.

b) 895 684 544; 795 684 544; 695 684 544; 594 684 544; 495 684 544; 395 684 544
Es werden jeweils 100 Mio. subtrahiert.

c) 120; 360; 1080; 3240; 9720; 29 160
Die Zahl wird jeweils verdreifacht.

11

Individuelle Lösungen. Beispiele:
a) 8 987 654; 9 987 654; 10 987 654; ...
b) 8 987 654; 7 987 654; 6 987 654; ...
c) 8547; 9547; 9537; 10 537; 10 527; ...
Die Zahlen werden abwechselnd größer und kleiner, aber insgesamt steigt die Zahlenfolge an.

13

Unsere Sonne ist rund 150 Millionen Kilometer von der Erde entfernt.
Die Sonne ist etwa 300 000 Mal so schwer wie die Erde.
Die Sonne ist etwa 15 Millionen Grad Celsius heiß.

Zahlenvergleich
150 Millionen
300 000
15 Millionen
0   50 Mio.   100 Mio.   150 Mio.

---

47 Bunt gemischt

1

a) 27 − 10 = 17 Würfel   b) 27 − 6 = 21 Würfel   c) 64 − 12 = 52 Würfel

2

Zu dem Würfelnetz passt nur der Würfel F. Dies erkennt man am besten, wenn man das Würfelnetz um 180° dreht. Liegt der weiße Kreis vorn und der Stern oben, dann kommt das weiße Rechteck nach dem Zusammenkleben in der Tat in vertikaler Lage rechts neben dem weißen Kreis zu liegen. Die anderen Würfel passen aus folgenden Gründen nicht:

A: Eine lange Seite des weißen Rechtecks rechts neben dem Kreuz liegt, dann liegt der Stern nicht oben, sondern unten.
B: Wenn der schwarze Kreis rechts neben dem schwarzen Kreis kann nicht neben dem schwarzen Kreis liegen.
C: Eine kurze Seite des weißen Rechtecks kann nicht neben dem schwarzen Kreis liegen.
D: Eine kurze Seite des Rechtecks kann auch nicht neben dem schwarzen Kreis liegen.
E: Wenn der schwarze Kreis vorn und das Kreuz oben liegt, dann liegt der Stern links, nicht rechts.

48 14

Wochentag 8 – 14 Uhr	Mo	Di	Mi	Do	Fr	Sa	So
	Schule	Schule	Schule	Schule	Schule	Freizeit	Familientag
Nachmittag	Tennis-training 2 h	Freizeit	Freizeit	Klavier-unterricht 1 h	Freizeit	Freizeit	Familientag

15
individuelle Lösungen

16

Mrd.	Millionen			Tausender			Einer		
Mrd.	HMio.	ZMio.	Mio.	HT	ZT	T	H	Z	E
		2	9	0	0	0	0	0	0
	5	0	0	0	0	0	0	0	0
2							1	7	6

17
individuelle Lösungen

Zum Weiterarbeiten
individuelle Lösungen

Rechnen mit natürlichen Zahlen

Die Grundrechenarten

53 Entdecken

1

a) Es handelt sich um die Aufgabe 5 + 2 = 7. Geht man auf dem Zahlenstrahl von der 0 aus zuerst 5 Einheiten und dann noch 2 Einheiten nach rechts, so sind das 7 Einheiten.

b) ① (Zahlenstrahl: 7, 4, 11)

② (Zahlenstrahl: 3, 5, 9, 12)

③ (Zahlenstrahl: 13, 8)

2

a) ①

43
18	25
8	10	15

③

60
36	24
20	16	8

②

28
12	16
3	9	7

④

48
32	16
23	9	7

b) Bei den ersten beiden Zahlenmauern muss nur addiert werden. Bei den letzten beiden Mauern wird auch subtrahiert.

c) ① 8 + 10 = 18;   10 + 15 = 25;   18 + 25 = 43
② 3 + 9 = 12;   9 + 7 = 16;   12 + 16 = 28
③ 44 – 36 = 8;   36 – 20 = 16;   8 – 16 = –3
④ 16 – 7 = 9;   23 + 9 = 32;   32 + 16 = 48

53

3

Addition	plus	Summe	5 + 8
Subtraktion	minus	Differenz	19 – 11
Multiplikation	mal		8 · 4
Division	geteilt	Quotient	20 : 5

4

a) Vier Einzelkarten sind günstiger. Diese kosten zusammen nur 48 €.
12 € + 12 € + 12 € + 12 € = 48 €;   4 · 12 € = 48 €
b) individuelle Aufgaben und Lösungen
c) Bei einer Gruppenkarte müsste jeder Teilnehmer 56 € : 4 = 14 € bezahlen. Das sind mehr als 12 €.

Nachgedacht

Rundet man beide Summanden auf Hunderter ab, so erhält man den Überschlag 500 + 700 = 1200. Dessen Ergebnis ist trotz Abrundens immer noch größer als 1048. Das berechnete Ergebnis kann also nicht stimmen. Die richtige Lösung ist 1248.

5

a) 240 € : 30 = 8 €. Jedes Kind muss 8 € bezahlen.
b) 240 € : 6 € = 40. Es fahren insgesamt 40 Schülerinnen und Schüler mit.

55 Üben und anwenden

1

a) 17 + 88 = 105   b) 48 – 15 = 33
c) 12 · 4 = 48   d) 24 : 4 = 6

2

676
378	298
208	170	128
138	70	100	28

3

a) 500 – 463 = 37;   74 – 38 = 36
b) 383 – 162 = 221;   826 – 611 = 215

4

a) 4 · 3 = 12   b) 3 · 5 = 15
c) 2 · 10 = 20

5

a) ① 210 € + 150 € = 360 €   ② 310 € + 20 € = 330 €
Das Angebot im Geschäft 2 ist günstiger.
b) ② 307 € + 19 € = 326 €;   zum Vergleich:
① 212 € + 149 € = 361 €
Das günstigere Angebot kostet 326 €.

1

a) 51 + 169 = 220   b) 33 – 25 = 8
c) 11 · 6 = 66   d) 550 : 5 = 110

2

941
310	631
83	227	404
59	24	203	201

3

512 – 16 = 496;   1000 – 270 = 730;
723 – 170 = 553;   460 – 95 = 365

4

a) 9 · 4 = 36   b) 6 · 7 = 42
c) 8 · 15 = 120

12
a) 103; 100; 95; 92; 87; 84; 79; 76; 71; 68
Von einer Zahl zur nächsten wird abwechselnd 3 und 5 subtrahiert.
b) 51; 69; 64; 82; 77; 95; 90; 108; 103; 121
Es wird abwechselnd 18 addiert und 5 subtrahiert.
c) 10; 40; 20; 80; 40; 160; 80; 320; 160; 640. Von einer Zahl zur nächsten wird abwechselnd vervierfacht und halbiert.
d) individuelle Lösungen

56 12
a) 77; 70; 63; 56; 49; 42; 35; 28; 21
Von einer Zahl zur nächsten wird 7 subtrahiert.
b) 35; 32; 40; 37; 45; 42; 50; 47; 55
Es wird abwechselnd 3 subtrahiert und 8 addiert.
c) 2; 4; 8; 16; 32; 64; 128; 256; 512; 1024
Jede Zahl (außer der ersten) ist das Doppelte der vorherigen Zahl.
d) individuelle Lösungen

13
a) Diese Aussage ist richtig. Bei der Aufgabe $5 : 0$ müsste das Ergebnis eine Zahl sein, die mit 0 multipliziert 5 ergibt. Das aber ist nicht möglich.
b) Diese Aussage ist falsch. Eine Addition ist immer ohne Rest ausführbar, nur bei der Division kann ein Rest bleiben.
c) Diese Aussage ist falsch. Um dies zu zeigen, genügt ein Gegenbeispiel: $1 \cdot 7 = 7 \neq 0$.
d) Diese Aussage ist richtig für natürliche Zahlen größer als 0. Beispiel: $14 \cdot 100 = 1400$. Für Dezimalzahlen stimmt sie jedoch nicht. Beispiel: $1{,}25 \cdot 100 = 125 \neq 1{,}2500$.

Rechenregeln und Rechenvorteile

57 Entdecken

1
a) Beispiel: $65 + 635 + 91 + 109 + 734 + 266 + 242 + 128 + 30$
$= 700 + 200 + 1000 + 370 + 30 = 1900 + 400 = 2300$
b) Partnerarbeit
c) Für die Addition gilt das Vertauschungsgesetz.
d) Für die Multiplikation gilt das Vertauschungsgesetz ebenfalls. Beispiele:
$3 \cdot 5 = 5 \cdot 3 = 15$; $12 \cdot 20 = 20 \cdot 12 = 240$
Für die Subtraktion und die Division gilt das Vertauschungsgesetz nicht. Beispiele:
$7 - 2 = 5$; $2 - 7 = -5$ (bzw. in natürlichen Zahlen nicht lösbar);
$6 : 3 = 2$; $3 : 6 = 0{,}5$ (Veranschaulichung: 3 € auf 6 Kinder aufteilen)

2
a) Individuelle Lösungen. Beispiele:

① $98 + 2 = 100$;	$98 + 102 = 200$;	$98 + 1902 = 2000$
② $325 + 25 = 350$;	$325 + 75 = 400$;	$325 + 675 = 1000$
③ $442 + 8 = 450$;	$442 + 58 = 500$;	$442 + 558 = 1000$
④ $7456 + 44 = 7500$;	$7456 + 544 = 8000$;	$7456 + 2544 = 10\,000$

b) Partnerarbeit

---

55 Nachgedacht
Überschlag: z. B. $8100 \,€ : 9 \,€ = 900$ oder genauer $8190 \,€ : 9 \,€ = 910$.
Es waren ungefähr 900 (etwa 910) Zuschauer anwesend.

56 6
a) $5 \cdot 2 = 10$ b) $4 \cdot 4 = 16$
c) $3 \cdot 4 = 12$

6
a) $6 \cdot 4 = 24$ b) $6 \cdot 1 = 6$
c) $8 \cdot 3 = 24$

7
a) $578 - 139 = 439$; $439 + 139 = 578$
b) $39 : 3 = 13$; $13 \cdot 3 = 39$
c) $138 + 135 = 273$; $273 - 135 = 138$
d) $6 \cdot 17 = 102$; $102 : 6 = 17$

7
a) $413 - 108 = 305$; $305 + 108 = 413$
b) $169 : 13 = 13$; $13 \cdot 13 = 169$
c) $106 + 185 = 291$; $291 - 106 = 185$
d) $27 \cdot 5 = 135$; $135 : 5 = 27$

8
a) individuell
b) ① $50 + 20 + 7 + 5 = 70 + 12 = 82$; $57 + 20 + 5 = 77 + 5 = 82$;
② $60 + 10 + 6 + 9 = 70 + 15 = 85$; $66 + 10 + 9 = 76 + 9 = 85$
③ $90 + 100 + 8 + 3 = 190 + 11 = 201$; $98 + 100 + 3 = 198 + 3 = 201$;
④ $1200 + 500 + 40 + 40 + 8 + 9 = 1700 + 80 + 17 = 1700 + 97 = 1797$;
$1248 + 500 + 40 + 9 = 1748 + 40 + 9 = 1788 + 9 = 1797$

c) Bei Susannes Rechenweg können negative Zahlen auftreten.
Lässt man diese zu, funktioniert er:
$83 - 24 = 80 - 20 + 3 - 4 = 60 + (-1) = 60 - 1 = 59$
Um negative Zahlen zu vermeiden, kann man aber auch so rechnen:
$83 - 24 = 80 - 20 + 3 - 4 = 60 + 3 - 4 = 63 - 4 = 59$
Timos Rechenweg funktioniert ebenfalls:
$83 - 24 = 83 - 20 - 4 = 63 - 4 = 59$

9
a) $48 - 37 = 48 - 30 - 7 = 18 - 7 = 11$
b) $134 - 57 = 134 - 7 - 50 = 127 - 50 = 77$
c) $193 - 98 = 193 - 100 + 2 = 93 + 2 = 95$
Der Rechenvorteil besteht jeweils darin, dass die Aufgabe in einfachere, leicht im Kopf ausführbare Teilschritte zerlegt wird.

Nachgedacht
10
$25 \cdot 16 = 25 \cdot 4 \cdot 4 = 100 \cdot 4 = 400$

10
Wie viele Packungen werden es?
$360 : 3 = 120$
Es werden 120 Packungen.

Für wie viele Schüler reichen die Brezen?
$13 \,€ : 0{,}50 \,€ = 1300 \text{ Ct} : 50 \text{ Ct} = 26$
Die Brezen reichen für 26 Schüler.

11
$65 : 13 = 5$; $60 : 15 = 4$; $60 : 5 = 12$; $60 : 12 = 5$; $52 : 4 = 13$; $52 : 13 = 4$; $35 : 7 = 5$;
$35 : 5 = 7$; $22 : 11 = 2$; $63 : 7 = 9$; $19 : 19 = 1$; $96 : 12 = 8$; $72 : 6 = 12$

57 2 (Fortsetzung)

c) ① $2 \cdot 68 \cdot 6 = 136 \cdot 6 = 816$ oder
$2 \cdot 68 \cdot 6 = 2 \cdot 408 = 816$ (nicht ganz einfach, geht aber noch im Kopf)
② $5 \cdot 2 \cdot 499 = 10 \cdot 499 = 4990$ (sehr einfach)
③ $8 \cdot 125 \cdot 9 = 1000 \cdot 9 = 9000$ (sehr einfach)
④ $7 \cdot 125 \cdot 11 = 875 \cdot 11 = 9625$ (nicht ganz einfach)

3

Laura rechnete so: $5 \cdot 65 \cdot 2 = 325 \cdot 2 = 650$.
Julian rechnete so: $5 \cdot 65 \cdot 2 = 5 \cdot 2 \cdot 65 = 10 \cdot 65 = 650$.
Julians Rechenweg wird für die meisten Schüler der einfachere sein, da im ersten Schritt zwei einstellige Zahlen multipliziert werden und im zweiten Schritt der Faktor 10 auftritt.

4

① $560 - (120 + 70) = 560 - 190 = 370$ ③ $740 - (140 - 20) = 740 - 120 = 620$
② $560 - 120 + 70 = 440 + 70 = 510$ ④ $740 - 140 - 20 = 600 - 20 = 580$
a) Die Ergebnisse der Aufgaben ① und ② sind unterschiedlich, ebenso die von ③ und ④.
b) Partnerarbeit
c) Bei Aufgabe ① wird die Zahl 70 subtrahiert, bei Aufgabe ② addiert.
Bei Aufgabe ③ wird 20 weniger als 140, also nur 120 von 740 subtrahiert.
Bei Aufgabe ④ wird hingegen zuerst 140 und dann noch zusätzlich 20 subtrahiert.
Folglich muss das Ergebnis hier kleiner sein als bei Aufgabe ③.

59 Üben und anwenden

1

a) $9 \cdot (3 + 5) = 9 \cdot 8 = 72$
b) $(4 + 5) \cdot 6 = 9 \cdot 6 = 54$
c) $(12 - 4) : 2 = 8 : 2 = 4$
d) $(5 \cdot 3) + (18 : 6) = 15 + 3 = 18$
e) $3 \cdot (4 + 20) - 10 = 3 \cdot 24 - 10 = 72 - 10 = 62$

2

a) $(12 + 5) \cdot 4 = 68$ b) $12 + 6 \cdot 5 = 42$

① $(14 + 6) \cdot 4 = 80$
② $81 : 9 + 20 = 29$

2 (Fortsetzung)

c) $30 - (4 - 3) = 29$

d) mehrere Lösungen; Beispiel:
$(2 + 4) + (4 + 4) = 14$

e) mehrere Lösungen; Beispiel:
$5 + (5 + 5) = 15$

f) $5 \cdot (5 + 5) = 50$

3

a) Die Klammern wurden nicht beachtet, es wurde von links nach rechts gerechnet: $160 : 4 = 40$; $40 + 3 = 43$;
$43 \cdot 17 = 731$. Korrektur:
$(160 : 4) + (3 \cdot 17) = 40 + 51 = 91$
b) Die Klammer wurde nicht beachtet, es wurde $7 \cdot 4 + 2 \cdot 3 - 1 = 28 + 6 - 1 = 33$ gerechnet. Korrektur:
$7 \cdot 4 + 2 \cdot (3 - 1) = 7 \cdot 4 + 2 \cdot 2$
$= 28 + 4 = 32$

59 2 (Fortsetzung)

b) individuelle Lösungen

3

a) Die Klammer wurde nicht beachtet, es wurde $145 + 58 \cdot 8 = 145 + 464 = 609$ gerechnet.
Korrektur:
$(145 + 58) \cdot 8 = 203 \cdot 8 = 1624$
b) Die Regel „Punktrechnung geht vor Strichrechnung" wurde nicht beachtet, es wurde $175 - 18 = 157$ und
$157 \cdot 8 = 1256$ gerechnet. Korrektur:
$175 - 18 \cdot 8 = 175 - 144 = 31$

4

① $79 + 97 = 176$; $97 + 79 = 176$
② $3 \cdot 61 = 183$; $61 \cdot 3 = 183$
③ $15 - 19 = -4$ (in natürlichen Zahlen nicht lösbar); $19 - 15 = 4$
④ $81 : 9 = 9$; $9 : 81 = \dfrac{1}{9}$ (oder 0 Rest 9)
a) Das Vertauschungsgesetz besagt: Bei der Addition und bei der Multiplikation können die Summanden bzw. Faktoren beliebig vertauscht werden.

59

4 (Fortsetzung)

b) Individuelle Lösungen. Beispiele:

① 5 + 4 = 9;   4 + 5 = 9;
② 3 · 2 = 6;   2 · 3 = 6;
③ 9 - 7 = 2;   7 - 9 = -2   (in natürlichen Zahlen nicht lösbar)
④ 8 : 2 = 4;   2 : 8 = 0,25   (z. B. 2 € auf 8 Kinder aufteilen) oder 2 : 8 = 0 Rest 2

c) Das Vertauschungsgesetz gilt für die Addition und die Multiplikation. Es gilt nicht für die Subtraktion und die Division. Vertauschen der gegebenen Zahlen führt hier zu anderen Ergebnissen.

5

a) Mika hat 3,05 € gespart.
b) Der gesparte Betrag ändert sich nicht.
c) Das Vertauschungsgesetz und das Verbindungsgesetz können hier angewendet werden.

60

6

a) (3 · 2) · 5 = 6 · 5 = 30
   3 · (2 · 5) = 3 · 10 = 30
b) (5 · 5) · 4 = 25 · 4 = 100
   5 · (5 · 4) = 5 · 20 = 100
c) (2 · 6) · 7 = 12 · 7 = 84
   2 · (6 · 7) = 2 · 42 = 84

Bei diesen Aufgaben hängt das Ergebnis nicht davon ab, welche der beiden Multiplikationen zuerst ausgeführt wird.
d), e) individuell

7

Beispiel: 36 + 45 + 91 + 32 + 31 + 25 + 75 + 69 + 64 + 55 + 68 + 9
= (36 + 64) + (45 + 55) + (91 + 9) + (32 + 68) + (31 + 69) + (25 + 75)
= 100 + 100 + 100 + 100 + 100 + 100 = 600

8

a) 18 + (33 + 27) = 18 + 60 = 78
b) (109 + 11) + 23 = 120 + 23 = 143
c) (16 + 34) + 16 = 50 + 16 = 66 oder
   16 + (34 + 16) = 16 + 50 = 66
d) (58 + 32) + 47 = 90 + 47 = 137

Es ist meist von Vorteil, die Summanden so zusammenzufassen, dass sich Vielfache von 10 als Zwischenresultate ergeben.
e) individuell

5

a) 188 km + 202 km + 194 km + 236 km
   = 390 km + 430 km = 820 km
   Die Gesamtstrecke beträgt 820 km.
b) 4 · 8 · 5 = 4 · (8 · 5) = 4 · 40 = 160
   Es gibt insgesamt 160 Wohnungen.

6

a) (4 · 25) · 6 = 100 · 6 = 600
   4 · (25 · 6) = 4 · 150 = 600
b) (16 · 5) · 4 = 80 · 4 = 320
   16 · (5 · 4) = 16 · 20 = 320
c) (10 · 6) · 20 = 60 · 20 = 1200
   10 · (6 · 20) = 10 · 120 = 1200

Welche Rechnung die Schülerinnen und Schüler jeweils als einfacher empfinden, kann individuell verschieden sein.
d) individuell

8

a) (57 + 53) + (81 + 19) + (56 + 44)
   = 110 + 100 + 100 = 310
b) (125 + 385) + (257 + 243) + (175 + 825)
   = 510 + 500 + 1000 = 2010 oder
   (125 + 175) + (257 + 243) + (385 + 825)
   = 300 + 500 + 1210 = 2010
c) individuell

9

Es gibt verschiedene Zerlegungen, z. B.:

a) 24 · 25 = (6 · 4) · 25 = 6 · (4 · 25)
   = 6 · 100 = 600 oder
   24 · 25 = (3 · 8) · 25 = 3 · (8 · 25)
   = 3 · 200 = 600
b) 12 · 25 = (3 · 4) · 25 = 3 · (4 · 25)
   = 3 · 100 = 300 oder
   12 · 25 = 12 · (5 · 5) = (12 · 5) · 5
   = 60 · 5 = 300
c) 22 · 15 = (11 · 2) · 15 = 11 · (2 · 15)
   = 11 · 30 = 330 oder
   22 · 15 = 22 · (5 · 3) = (22 · 5) · 3
   = 110 · 3 = 330

10

a) 12 · 6 · 5 = 12 · (6 · 5) = 12 · 30 = 360
   Es sind 360 Flaschen.
   360 · 15 Ct = (60 · 6) · 15 Ct
   = 60 · (6 · 15) Ct = 60 · 90 Ct
   = 5400 Ct = 54 €
   Es werden 54 € Flaschenpfand gezahlt.
b) individuell

11

a) 3 · (4 + 5) = 3 · 9 = 27
b) 5 · 8 · (9 - 5) = 5 · 8 · 4 = 40 · 4 = 160
c) (6 + 3) · 3 = 9 · 3 = 27
d) (5 - 3) · (8 + 2) = 2 · 10 = 20

12

a) ② 5 · 27 + 15 = 135 + 15 = 150
c) ③ 27 + 5 · 15 = 27 + 75 = 102

9

Es gibt verschiedene Zerlegungen, z. B.:

a) 120 · 25 = (30 · 4) · 25 = 30 · (4 · 25)
   = 30 · 100 = 3000
b) 114 · 50 = (57 · 2) · 50 = 57 · (2 · 50)
   = 57 · 100 = 5700
c) 44 · 125 = (11 · 4) · 125 = 11 · (4 · 125)
   = 11 · 500 = 5500
d) 60 · 250 = (15 · 4) · 250 = 15 · (4 · 250)
   = 15 · 1000 = 15 000
e) 264 · 50 = (132 · 2) · 50 = 132 · (2 · 50)
   = 132 · 100 = 13 200
f) 326 · 500 = (163 · 2) · 500
   = 163 · (2 · 500) = 163 · 1000 = 163 000

10

a) 440 · 5 · 10 = 220 · 2 · 5 · 10
   = 220 · 100 = 22 000 > 21 976
   Wenn fünf Flugzeuge mit je zehn Flügen eingesetzt werden, können maximal 22 000 Personen befördert werden. Diese Kapazität ist ausreichend.
b) individuell

11

a) 16 · 5 · 32 = 80 · 32 = 2560
b) Beispiele: 5 - 32 : 16 = 5 - 2 = 3;
   16 : (5 · 32) = 16 : 160 = 0,1
c) Beispiele: 16 + 5 + 32 = 53;
   16 · 5 - 32 = 80 - 32 = 48
b) ① (27 + 15) · 5 = 42 · 5 = 210

Schriftlich addieren und subtrahieren

61 Entdecken

1

a) • Silvia addierte zuerst jeweils separat die Hunderter, die Zehner und die Einer beider Summanden. Anschließend addierte sie die drei Teilergebnisse.

• Derya addierte zu 413 zuerst die Hunderter, dann die Zehner und schließlich die Einer des zweiten Summanden.

• Max addierte zu 413 zuerst 7, um ein Vielfaches von 10 zu erhalten. Zu diesem Ergebnis addierte er die Hunderter des zweiten Summanden und schließlich den noch verbliebenen Rest in Höhe von 71.

61 **1** a) *(Fortsetzung)*
- Tobi addierte zu 413 zuerst die Einer, dann die Zehner und schließlich die Hunderter des zweiten Summanden.

b) individuell
c) Test der verschiedenen Lösungswege:

Silvia	Derya	Max	Tobi
413 – 278 = ...	413 – 278 = ...	413 – 278 = ...	413 – 278 = ...
400 – 200 = 200	413 – 200 = 213	413 – 3 = 410	413 – 8 = 405
10 – 70 = –60	213 – 70 = 143	410 – 200 = 210	405 – 70 = 335
3 – 8 = –5	143 – 8 = 135	210 – 75 = 135	335 – 200 = 135
200 – 60 – 5 = 135			

2
a) Tobis Behauptung ist wahr. Es stimmt zwar, dass 400 + 500 nur 900 ergibt, aber 470 + 530 ergibt bereits 1000 und folglich muss 472 + 536 noch größer sein.
b) Der Lösungsweg von Max ist korrekt, aber nicht der einzig mögliche. Man kann auch von vorn anfangen.
c) Silvias Behauptung ist falsch:
8000 + 3000 = 11 000; 7000 + 5000 = 12 000; 11 000 < 12 000
Beim Vergleichen von Summen kommt es auf beide Summanden an. Silvias Argumentation würde nur funktionieren, wenn die zweiten Summanden beide wesentlich kleiner als die ersten wären, so dass beim Addieren keine Tausender überschritten werden, z. B. bei 8000 + 300 und 7000 + 500.

3
a) Individuelle Auswahl. Im Kopf lassen sich z. B. folgende Aufgaben lösen:
300 + 500 = 800; 5 + 8 = 13; 200 – 150 = 150; 19 – 11 = 8;
800 – 200 = 600; 74 – 28 = 46; 850 – 230 = 620; 780 + 250 = 1030;
204 + 530 = 734; 1204 + 205 = 1409
b) Partnerarbeit
c) Folgende Aufgaben bieten sich zum halbschriftlichen Lösen an:
258 + 354 = 612; 789 – 93 = 696; 321 + 532 = 853; 852 – 369 = 483;
852 + 230 = 1082

4
Da nach Bezahlung der drei Möbelstücke noch 47 € übrig bleiben, reicht das Geld für den Tisch.
a) Helena subtrahiert vom Geldbestand nacheinander die Preise der drei Möbelstücke. Helenas Mutter berechnet zuerst den Gesamtpreis der Möbel und subtrahiert diesen anschließend vom Geldbestand.
Welcher der beiden Rechenwege als einfacher empfunden wird, ist individuell.
b) Es handelt sich um die Summe der Ausgaben für die drei Möbelstücke. Diese Summe wird anschließend als Ganzes vom Geldbestand abgezogen. Die Preise der drei Möbelstücke bleiben also Ausgaben und werden keine Einnahmen.

63 Üben und anwenden

1
a) 3789 b) 7798 c) 6729
d) 3996 e) 35 636 f) 68 690

2
a) 1297 b) 5986
c) 14 235 d) 9227

3
a) 34 + 22 = 56
b) 145 + 552 = 697
c) 777 + 147 = 924

4
Der Gesamtpreis beträgt 12 378 €.

1
a) 5535 b) 5559 c) 7694
d) 8998 e) 7886 f) 7985

2
a) 6937 b) 9297
c) 18 477 d) 3515

3
a) 604 + 396 = 1000
b) 398 + 353 = 751
c) 3456 + 1312 = 4768

4
Die Gesamtkosten betragen 131 €. Das gesparte Geld reicht also nicht ganz aus.

5
a) Die letzte Ziffer des Ergebnisses ist fehlerhaft. Das richtige Resultat ist 241.
b) In der Einerspalte wurde 6 – 2 statt 12 – 6 gerechnet. Das richtige Ergebnis ist 236.
c), d) Diese Aufgaben wurden richtig gerechnet.
e) Die Zahlen wurden nicht stellengerecht untereinander geschrieben. Dadurch entstand ein fehlerhaftes Ergebnis. Das richtige Resultat ist 3253.
f) Diese Aufgabe wurde richtig gelöst.

64 **6**
a) Ü: 250 – 80 = 170; Ergebnis: 173
b) Ü: 640 – 400 = 240; Ergebnis: 242
c) Ü: 670 – 400 = 270; Ergebnis: 272

7
a) Ü: 870 – 430 = 440; Ergebnis: 438
b) Ü: 970 – 660 = 310; Ergebnis: 309
c) Ü: 770 – 350 = 420; Ergebnis: 419
d) Ü: 670 – 330 = 340; Ergebnis: 339
e) Ü: 880 – 440 = 440; Ergebnis: 442
f) Ü: 740 – 420 = 320; Ergebnis: 319
g) Ü: 620 – 120 = 500; Ergebnis: 504
h) Ü: 650 – 290 = 360; Ergebnis: 365

6
a) Ü: 6800 – 5600 = 1200; E: 1164
b) Ü: 99 000 – 90 000 = 9000; E: 8691
c) Ü: 56 000 – 23 000 = 33 000; E: 32 728
d) Ü: 44 000 – 35 000 = 9000; E: 9133

7
a) 427 + 57 – 305 = 484 – 305 = 179
b) 149 + 32 – 305 = 181 – 305 = –124
c) 663 – 69 + 229 = 594 + 229 = 823
d) 202 – 179 + 96 = 23 + 96 = 119
e) 160 – 72 + 280 = 88 + 280 = 368
f) 385 – 72 + 280 = 313 + 280 = 593

8
79 € – 48 € = 31 €; 28 € – 8 € = 20 €; 155 € – 59 € = 96 €; 120 € – 65 € = 55 €

64

9

a) 3168
− 1829
1339

b) 14 219
− 4 928
9 291

9

a) 3255
− 944
2311

b) 42 168
− 1 469
40 699

10

a) Susanne hat die beiden Subtraktionen von links beginnend nacheinander ausgeführt. Timo hat zuerst die beiden Subtrahenden addiert und deren Summe anschließend von 16 subtrahiert.

b) individuell

c) Sinja: 82 − (15 + 31) = 82 − 46 = 36
Der Rechenbaum von Sinja passt zu Timos Denkweise.
Mirco: (82 − 15) − 31 = 67 − 31 = 36
Der Rechenbaum von Mirco passt zu Susannes Lösungsweg.

d) ① 69 − 17 − 23 = 52 − 23 = 29; 69 − (17 + 23) = 69 − 40 = 29
② 109 − 89 − 11 = 20 − 11 = 9; 109 − (89 + 11) = 109 − 100 = 9
③ 155 − 55 − 39 = 100 − 39 = 61; 155 − (55 + 39) = 155 − 94 = 61
④ 192 − 32 − 17 = 160 − 17 = 143; 192 − (32 + 17) = 192 − 49 = 143

11

Wenn Anton nur Briefmarken verschickt und keine hinzu kauft, dann können am Ende nicht mehr Briefmarken vorhanden sein als vorher. Anton hat in der Aufgabe die Klammern vergessen. Korrektur:
27 − (5 + 10 + 8) = 27 − 23 = 4 oder
27 − 5 − 10 − 8 = 22 − 10 − 8 = 12 − 8 = 4

11

a) Julia hat insgesamt 15,40 € ausgegeben.
b) 3,50 € + 15,40 € = 18,90 €
Julia hatte vorher 18,90 €.

Schriftlich multiplizieren und dividieren

65 Entdecken

1

a) Es ist die Zahl 627 dargestellt. Das Doppelte der Zahl ist 1254. Beim Verdoppeln mithilfe der Anschauungsmaterialien erhält man zunächst 12 Hunderterplatten, 4 Zehnerstangen und 14 Einerwürfel. Zehn Einerwürfel können durch eine Zehnerstange und zehn Hunderterplatten durch einen Tausenderwürfel ersetzt werden. Auf diese Weise erhält man einen Tausenderwürfel, 2 Hunderterplatten, 5 Zehnerstangen und 4 Einerwürfel, also die Darstellung der Zahl 1254.

b) 581 · 2 = 1162: Beim Verdoppeln erhält man zunächst 10 Hunderterplatten, 16 Zehnerstangen und 2 Einerwürfel. Ersetzt man zehn Zehnerstangen durch eine Hunderterplatte und zehn Hunderterplatten durch einen Tausenderwürfel, so erhält man einen Tausenderwürfel, eine Hunderterplatte, 6 Zehnerstangen und 2 Einerwürfel.

65

1 b) (Fortsetzung)

9999 · 2 = 19 998: Beim Verdoppeln erhält man zunächst 18 Tausenderwürfel, 18 Hunderterplatten, 18 Zehnerstangen und 18 Einerwürfel. Danach ersetzt man zehn Einerwürfel durch eine Zehnerstange, zehn Zehnerstangen durch eine Hunderterplatte, zehn Hunderterplatten durch einen Tausenderwürfel und zehn Tausenderwürfel (falls vorhanden) durch eine Zehntausenderstange. Übrig bleiben eine Zehntausenderstange und 9 Tausenderwürfel (oder 19 Tausenderwürfel), 9 Hunderterplatten, 9 Zehnerstangen und 8 Einerwürfel – die Darstellung der Zahl 19 998.

c) Gruppenarbeit

2

a) individuell

b) ①

·	300	50	5	
10	3000	500	50	3550
4	1200	200	20	1420
				4970

355 · 10 = 3550
355 · 4 = + 1420
4970

②

·	800	60	1	
50	40 000	3000	50	43 050
4	3200	240	4	3 444
				46 494

861 · 50 = 43 050
861 · 4 = + 3 444
46 494

3

a) 15 · 30 = 450
10 · 35 = 350

b) 37 · 20 = 740
30 · 27 = 810

c) 71 · 20 = 1420
21 · 70 = 1470

d) 22 · 33 = 726
23 · 32 = 736

e) 19 · 30 = 570
10 · 39 = 390

f) 55 · 11 = 605
15 · 51 = 765

Begründung zu a): Es ist 15 · 30 = 10 · 30 + 5 · 30 und 10 · 35 = 10 · 30 + 10 · 5.
Da 5 · 30 = 150 > 50 = 10 · 5 ist, muss 15 · 30 größer als 10 · 35 sein.
Begründung zu d): Es ist 22 · 33 = 20 · 30 + 20 · 3 + 2 · 30 + 2 · 3 und
23 · 32 = 20 · 30 + 20 · 2 + 3 · 30 + 3 · 2.
Da 20 · 3 + 2 · 30 = 120 < 130 = 20 · 2 + 3 · 30 ist, muss 22 · 33 kleiner als 23 · 32 sein.

4

a) ① 300 : 15 = 20
90 : 15 = + 6
26

② 390 : 15 = 26
− 30
90
− 90
0

Jeder Spieler muss 26 € bezahlen.

b) Partnerarbeit

5

Die Division gelingt mit einer anderen Zerlegung der Zahl 984:
800 : 8 = 100
160 : 8 = + 20
24 : 8 = + 3
123

67 Üben und anwenden

1

a) ①
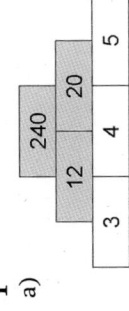
②
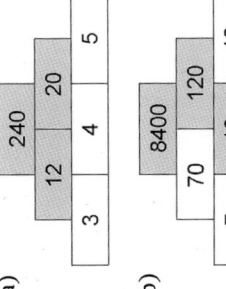

b) ① Beispiel:
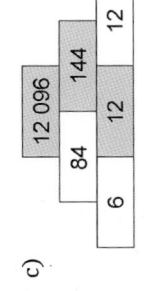
② Beispiel:
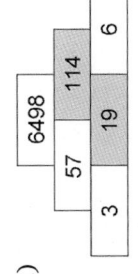
③ Beispiel:

1
a)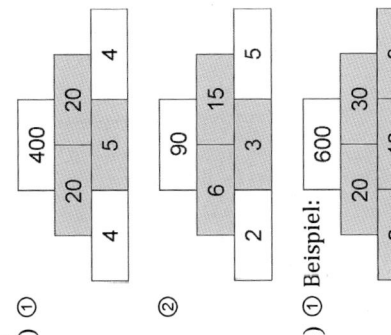
b)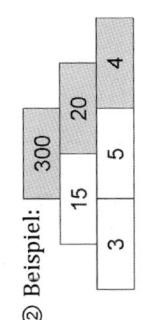
c)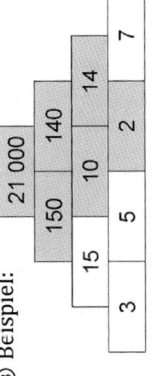
d)

2
a) Ü: 220 · 3 = 660;   Ergebnis: 669
b) Ü: 240 · 3 = 720;   Ergebnis: 729
c) Ü: 530 · 3 = 1590; Ergebnis: 1599
d) Ü: 620 · 5 = 3100; Ergebnis: 3120
e) Ü: 210 · 8 = 1680; Ergebnis: 1720
f) Ü: 940 · 5 = 4700; Ergebnis: 4710

2
a) Ü: 410 · 2 = 820;   Ergebnis: 826
b) Ü: 2300 · 3 = 6900;   Ergebnis: 7044
c) Ü: 420 · 6 = 2520;   Ergebnis: 2502
d) Ü: 4300 · 4 = 17 200;   Ergebnis: 17 084
e) Ü: 390 · 7 = 2730;   Ergebnis: 2695
f) Ü: 8600 · 7 = 60 200;   Ergebnis: 60 368

```
2637 · 13        13 · 2637
26370            26000
+7911           +  7800
34281           +   390
                +    91
                  34281
```

Nachgedacht

Beim schriftlichen Verfahren ist 2637 · 13 einfacher zu rechnen, da hierbei nur zwei Zwischenergebnisse zu berechnen sind (gegenüber vier bei 13 · 2637) und eine dieser beiden Multiplikationen – die mit 10 – auch noch sehr einfach ist.

68

3
a) Ü: 120 · 15 = 1800;   Ergebnis: 1875
b) Ü: 160 · 15 = 2400;   Ergebnis: 2352
c) Ü: 200 · 20 = 4000;   Ergebnis: 4209
d) Ü: 300 · 12 = 3600;   Ergebnis: 3996
e) Ü: 400 · 18 = 7200;   Ergebnis: 7416
f) Ü: 400 · 20 = 8000;   Ergebnis: 7667

3
a) Ü: 2400 · 30 = 72 000;   E: 70 615
b) Ü: 6300 · 40 = 252 000;   E: 271 416
c) Ü: 14 000 · 60 = 840 000;   E: 828 609
d) Ü: 800 · 85 = 68 000;   E: 68 085
e) Ü: 7000 · 70 = 490 000;   E: 470 541
f) Ü: 37 · 60000 = 2 220 000;   E: 2 221 665

4
a) Mira und Tom verwendeten beide das Verteilungsgesetz und führten dadurch die Aufgabe 29 · 4 auf leichter zu lösende Teilaufgaben zurück.
Mira rechnete: 29 · 4 = (20 + 9) · 4 = 20 · 4 + 9 · 4.
Tom rechnete: 29 · 4 = (30 − 1) · 4 = 30 · 4 − 1 · 4.
b), c) individuell

5
a) 1243   b) 3277
c) 2599   d) 3616

5
a) 2796   b) 3029
c) 6757   d) 7223

6
a) 1280 (kleinstes Ergebnis)
b) 2008   c) 7042
d) 24 400 (größtes Ergebnis)

6
a) 24 300 (kleinstes Ergebnis)
b) 29 088   c) 24 480
d) 108 240 (größtes Ergebnis)

Nachgedacht (neben Aufgabe 6)

Individuelle Antworten. Beispiele:
- Eine Null am Ende einer Zahl bedeutet Verzehnfachung.
  Beispiel: Das Ergebnis von 320 · 4 ist zehnmal größer als das von 32 · 4.
- Stehen eine Null und eine andere Ziffer nacheinander am Ende einer Zahl, so ist das Ergebnis etwas größer als das Hundertfache der ohne diese beiden Ziffern ausgeführten Multiplikation.
  Beispiel: Das Ergebnis von 502 · 4 ist etwas größer als das Hundertfache von 5 · 4.
- Stehen zwei Nullen und eine andere Ziffer nacheinander am Ende einer Zahl, so ist das Ergebnis etwas größer als das Tausendfache der ohne diese beiden Ziffern ausgeführten Multiplikation.
  Beispiel: Das Ergebnis von 1006 · 7 ist etwas größer als das Tausendfache von 1 · 7.

7
a) Diese Aufgabe wurde richtig gelöst.
b) Beim ersten Zwischenergebnis (498 · 10 = 4980) wurde die Null am Ende vergessen.
Korrektur:
```
498 · 11
  4980
+  498
  5478
```
c) Die Zehnerziffer des Ergebnisses ist fehlerhaft. Das richtige Resultat ist 17 112.

68 **7** *(Fortsetzung)*

d) Beim Addieren der Zwischenergebnisse wurden keinerlei Überträge berücksichtigt. Das richtige Endresultat ist 4164.

e) Die Zahl 6143 wurde nur mit 2 statt mit 20 multipliziert. Die bei der Multiplikation mit 20 anzuhängende Null wurde vergessen. Das richtige Ergebnis ist 122 860.

8
a) Es sind 867 · 5 = 4335 Mahlzeiten.
b) Es sind 867 · 22 = 19 074 Mahlzeiten.

Nachgedacht (neben Aufgabe 8)
schulabhängige Lösungen

9
a) 5142 : 6 = 857
```
 -48
  34
 -30
  42
 -42
   0
```

b) 7240 : 8 = 905
```
 -72
  04
 - 0
  40
 -40
   0
```

c) 5040 : 9 = 560
```
 -45
  54
 -54
  00
 - 0
   0
```

d) 6181 : 7 = 883
```
 -56
  58
 -56
  21
 -21
   0
```

a) 15672 : 24 = 653
```
 -144
  127
 -120
   72
  -72
    0
```

b) 44100 : 45 = 980
```
 -405
  360
 -360
   00
  - 0
    0
```

c) 7548 : 37 = 204
```
 -74
  14
 - 0
 148
-148
   0
```

d) 9555 : 65 = 147
```
 -65
 305
-260
 455
-455
   0
```

---

69 **10**

Beispiel: Beim Überschlag zur Aufgabe 8028 : 9 macht es wenig Sinn, auf 8000 abzurunden, da die Division 8000 : 9 schwierig und nicht ohne Rest ausführbar ist. Besser ist hier Aufrunden auf 8100, denn das führt auf die leicht lösbare Aufgabe 8100 : 9 = 900.

11
a) Überschlag: 880 : 4 = 220
   Rechnung: 884 : 4 = 221
   Probe: 221 · 4 = 884
b) Überschlag: 460 : 2 = 230
   Rechnung: 466 : 2 = 233
   Probe: 233 · 2 = 466
c) Überschlag: 250 : 5 = 50
   Rechnung: 265 : 5 = 53
   Probe: 53 · 5 = 265
d) Überschlag: 720 : 3 = 240
   Rechnung: 732 : 3 = 244
   Probe: 244 · 3 = 732
e) Überschlag: 860 : 4 = 215
   Rechnung: 864 : 4 = 216
   Probe: 216 · 4 = 864
f) Überschlag: 140 : 7 = 20
   Rechnung: 133 : 7 = 19
   Probe: 19 · 7 = 133

11
a) Überschlag: 720 : 9 = 80
   Rechnung: 693 : 9 = 77
   Probe: 77 · 9 = 693
b) Überschlag: 270 : 3 = 90
   Rechnung: 267 : 3 = 89
   Probe: 89 · 3 = 267
c) Überschlag: 720 : 8 = 90
   Rechnung: 704 : 8 = 88
   Probe: 88 · 8 = 704
d) Überschlag: 840 : 7 = 120
   Rechnung: 861 : 7 = 123
   Probe: 123 · 7 = 861
e) Überschlag: 1080 : 9 = 120
   Rechnung: 1116 : 9 = 124
   Probe: 124 · 9 = 1116
f) Überschlag: 6000 : 3 = 2000
   Rechnung: 6135 : 3 = 2045
   Probe: 2045 · 3 = 6135

12
a) Im zweiten Schritt (Berechnung der Hunderterstelle) wurde eine zu hohe Ergebnisziffer gewählt und anschließend falsch subtrahiert (14 − 16 = 2 statt −2).
   Korrektur:
   9424 : 4 = 2356
```
 - 8
  14
 -12
  22
 -20
  24
 -24
   0
```

b) Vor dem dritten Schritt (Berechnung der Zehnerziffer) wurde statt der Ziffer 7 eine 0 vom Dividenden heruntergeholt.
   Korrektur:
   16770 : 6 = 2795
```
 -12
  47
 -42
  57
 -54
  30
 -30
   0
```

c) Die Berechnung der Einerziffer wurde vergessen. Dadurch hat das Ergebnis eine Ziffer zu wenig.
   Korrektur:
   66699 : 9 = 7411
```
 -63
  36
 -36
  09
 - 9
  09
 - 9
   0
```

69

13
a) 11 220 : 2 = 5610
11 220 : 20 = 561
b) 33 250 : 5 = 6650
33 250 : 50 = 665
c) 31 360 : 4 = 7840
31 360 : 40 = 784
Wird im Divisor eine Null weggenommen, so kommt im Quotienten eine Null hinzu.
d) individuelle Aufgaben und Lösungen

14
a) Rechnung: 285 : 19 = 15
Probe: 15 · 19 = 285
b) Rechnung: 406 : 14 = 29
Probe: 29 · 14 = 406
c) Rechnung: 408 : 12 = 34
Probe: 34 · 12 = 408
d) Rechnung: 504 : 21 = 24
Probe: 24 · 21 = 504
e) Rechnung: 504 : 24 = 21
Probe: 21 · 24 = 504
f) Rechnung: 560 : 16 = 35
Probe: 35 · 16 = 560

15

:	2	4	8
752	376	188	94
1448	724	362	181
4496	2248	1124	562
44 960	22 480	11 240	5620

16
a) Das Guthaben nach einem Jahr beträgt 195 € · 12 = 2340 €. Herr Müller hat also mehr als 2200 € gespart.
b) 3000 € : 12 = 250 €
Probe: 250 € · 12 = 3000 €
Wenn Herr Müller in einem Jahr 3000 € braucht, muss er monatlich 250 € sparen.

13
a) 68 950 : 70 = 985
68 950 : 7 = 9850
b) 50 760 : 90 = 564
50 760 : 9 = 5640
Wird im Divisor eine Null weggenommen, so kommt im Quotienten eine Null hinzu.
c) 20 300 : 7 = 2900
203 000 : 7 = 29 000
Kommt im Divisor eine Null hinzu, so entfällt im Quotienten eine Null.
d) individuelle Aufgaben und Lösungen

14
a) Rechnung: 648 : 18 = 36
Probe: 36 · 18 = 648
b) Rechnung: 714 : 21 = 34
Probe: 34 · 21 = 714
c) Rechnung: 918 : 34 = 27
Probe: 27 · 34 = 918
d) Rechnung: 832 : 26 = 32
Probe: 32 · 26 = 832
e) Rechnung: 874 : 23 = 38
Probe: 38 · 23 = 874
f) Rechnung: 884 : 52 = 17
Probe: 17 · 52 = 884

15

:	2	4	8
948	474	237	118 R 1
6112	3056	1528	764
19 264	9632	4816	2408
46 072	23 036	11 518	5759

16
a) 420 € : 30 = 14 €
Bei 30 Schülern zahlt jeder 14 €.
b) 420 € : 12 € = 35; 420 € : 10 € = 42
Für einen Preis von 12 € pro Person müssen 35 Schüler mitfahren, für einen Preis von 10 € pro Person 42 Schüler. Ob so viele Schüler in den Bus passen, hängt von dessen Bauart ab. Es ist vorgeschrieben, dass im Gelegenheitsverkehr jeder Fahrgast einen Sitzplatz erhalten muss.

Strategie: Rechnungen prüfen

70 Üben und anwenden

1
- „Welcher Mensch ist denn über 6 m groß?!"
Es ist eine gute Idee, ein errechnetes Ergebnis am praktischen Sachverhalt daraufhin zu prüfen, ob es überhaupt realistisch ist.
- „Ich mache eine Skizze."
Das ist ebenfalls eine Möglichkeit zum Überprüfen des Ergebnisses. Hierzu muss ein geeigneter Maßstab gewählt und verwendet werden, z. B. 1 : 10. Fehler durch Zeichenungenauigkeiten sind insbesondere bei größeren Zahlen mit vielen Stellen möglich.
- „120 + 50 = 170. Sie müsste ungefähr 170 cm groß sein."
Ein Überschlag ist eine einfache und schnelle Möglichkeit, um unrealistische Ergebnisse zu erkennen. Kleinere Fehler, etwa bei der Einerstelle, findet man damit jedoch nicht.
- „Das kann nicht sein. Ich habe 187 cm berechnet."
Die Schülerin hat sich hier leider selbst verrechnet. Bei Nichtübereinstimmung der Ergebnisse lässt sich hier nur feststellen, dass mindestens eines der beiden Resultate falsch sein muss. Das muss nicht zwingend das zuerst berechnete Ergebnis sein.
Nachrechnen als Prüfmethode ist möglich, kann aber schiefgehen, wenn man hierbei denselben Fehler wie in der zu prüfenden Rechnung macht, was bei häufig auftretenden Fehlerarten (z. B. falschem Übertrag) leicht geschehen kann. Es sollte daher durch wenigstens ein weiteres Prüfverfahren ergänzt werden.
- „Das hat Lukas gerechnet. Der ist gut in Mathe."
Dieses Argument ist nicht stichhaltig. Auch leistungsstarke Schüler können gelegentlich Fehler machen.
- „654 - 53 = 601 ... eigentlich müsste ich doch 124 herausbekommen."
Die Probe durch Umkehrrechnung ist eine sehr zuverlässige Methode zur Erkennung von Fehlern.

2
a) Ü: 30 + 20 + 10 = 60; 58 ≈ 60
Das Ergebnis kann stimmen, da das Resultat des Überschlags nur wenig davon abweicht. Es ist auch wirklich korrekt.
b) Ü: 200 - 50 = 150
Das Ergebnis kann nicht stimmen, da es stark vom Resultat des Überschlags abweicht.
c) Ü: 120 : 10 = 12
Das stark hiervon abweichende Ergebnis kann nicht stimmen.
d) Ü: 9 · 10 = 90; 108 ≈ 90
Das Ergebnis kann stimmen (und stimmt auch wirklich).

2
a) Ü: 150 + 20 + 80 = 250; 253 ≈ 250
Das Ergebnis kann stimmen, da das Resultat des Überschlags nur wenig davon abweicht. Es ist auch wirklich korrekt.
b) Ü: 300 - 30 - 20 = 250
Das Ergebnis kann nicht stimmen, da es stark vom Resultat des Überschlags abweicht.
c) Ü: 220 : 20 = 10; 12 ≈ 10
Das Ergebnis kann stimmen (und stimmt auch wirklich).
d) Ü: 15 · 20 = 300
Das stark hiervon abweichende Ergebnis kann nicht stimmen.

24

70

3
a) 141 − 36 = 105 oder 141 − 105 = 36
b) 28 + 29 = 57
c) 55 : 5 = 11 oder 55 : 11 = 5
d) 4 · 8 = 32
e) 374 − 63 = 311 oder 374 − 311 = 63
f) 42 : 7 = 6 oder 42 : 6 = 7
g) 74 + 72 = 146   h) 20 · 4 = 80
Alle Ergebnisse sind richtig.

4
Das Ergebnis kann schon deshalb nicht stimmen, weil es kleiner ist als jeder der vier Summanden. Ein Überschlag als Begründung ist ebenfalls möglich.
Richtiges Ergebnis: 165 (kg)

5
(6000 € − 3000 €) : 12 = 3000 € : 12 = 250 €. Herr Meier muss monatlich 250 € bezahlen.
Probe z. B. durch Umkehrrechnung: 250 € · 12 = 3000 €; 3000 € + 3000 € = 6000 €

74 Vermischte Übungen

1
a) [Start | 24 · 8] [192 | 4 · 38] [152 | 7 · 39] [273 | 186 : 6] [31 | 136 : 8] [17 | 198 : 9] [22 | 235 : 5] [47 | Ende]
b) individuelle Aufgaben und Lösungen

2
a) 27 + 18 = 31 + 14   (45 = 45)
b) 71 − 10 > 80 − 21   (61 > 59)
c) 39 + 11 = 5 · 10   (50 = 50)
d) 72 : 3 < 45 − 20   (24 < 25)

3
a) 777 + 223 = 1000
b) 1899 + 101 = 2000
c) 8512 + 488 = 9000
d) 1790 + 210 = 2000
e) 3115 + 885 = 4000
f) 288 + 712 = 1000

3
a) 722 − 517 = 205 oder 722 − 205 = 517
b) 69 + 36 = 105
c) 77 : 7 = 11 oder 77 : 11 = 7
d) 8 · 6 = 48
e) 481 − 63 = 418 oder 481 − 418 = 63
f) 84 : 7 = 12 oder 84 : 12 = 7
g) 69 + 77 = 146   h) 16 · 8 = 128
Alle Ergebnisse sind richtig.

4
Ü: z. B. 1 € + 1 € + 3 € + 1 € + 5 € = 11 €
Das stark vom Überschlag abweichende Ergebnis kann schon von der Größenordnung her nicht stimmen.
Richtiges Ergebnis: 11,15 €

2
a) 77 + 52 = 67 + 62   (129 = 129)
b) 123 − 89 < 72 − 9   (34 < 108)
c) 96 : 6 < 58 − 41   (16 < 17)
d) 274 − 96 < 174 + 96   (178 < 270)

3
a) 55 + 5 = 60;   55 + 45 = 100;
55 + 945 = 1000
b) 5599 + 1 = 5600;   5599 + 1 = 5600;
5599 + 401 = 6000
c) 89 999 + 1 = 90 000 (alle 3 Aufgaben)
d) 1003 + 7 = 1010;   1003 + 97 = 1100;
1003 + 997 = 2000
e) 71 063 + 7 = 71 070;
71 063 + 37 = 71 100;
71 063 + 937 = 72 000
f) 7070 + 0 = 7070;   7070 + 30 = 7100;
7070 + 930 = 8000

74 4
a) Beispiele:
113 − 78 = 113 − 100 + 22 = 13 + 22 = 35
113 − 78 = 115 − 80 − 100 = 35

b) Beispiele:
① 319 − 187 = 319 − 100 − 80 − 7 = 219 − 80 − 7 = 139 − 7 = 132
319 − 187 = 319 − 7 − 80 − 100 = 312 − 80 − 100 = 232 − 100 = 132
319 − 187 = 312 − 180 = 212 − 80 = 132
319 − 187 = 300 − 100 − 80 + 10 + 9 − 7 = 200 − 70 + 2 = 130 + 2 = 132
319 − 187 = 319 − 200 + 13 = 119 + 13 = 132
319 − 187 = 322 − 190 = 332 − 200 = 132

② 78 + 49 = 78 + 40 + 9 = 118 + 9 = 127
78 + 49 = 78 + 9 + 40 = 87 + 40 = 127
78 + 49 = 80 + 47 = 127
78 + 49 = 70 + 40 + 8 + 9 = 110 + 8 + 9 = 118 + 9 = 127
78 + 49 = 78 + 50 − 1 = 128 − 1 = 127
78 + 49 = 77 + 50 = 127

③ 416 − 246 = 416 − 200 − 40 − 6 = 216 − 40 − 6 = 176 − 6 = 170
416 − 246 = 416 − 6 − 40 − 200 = 410 − 40 − 200 = 370 − 200 = 170
416 − 246 = 410 − 240 = 210 − 40 = 170
416 − 246 = 400 − 200 − 40 + 10 + 6 − 6 = 200 − 30 + 0 = 170
416 − 246 = 416 − 250 + 4 = 166 + 4 = 170
416 − 246 = 420 − 250 = 470 − 300 = 170

④ 213 + 63 = 213 + 60 + 3 = 273 + 3 = 276
213 + 63 = 213 + 3 + 60 = 216 + 60 = 276
213 + 63 = 210 + 66 = 200 + 76 = 276
213 + 63 = 200 + 10 + 60 + 3 + 3 = 200 + 70 + 6 = 276
213 + 63 = 213 + 13 + 50 = 226 + 50 = 276
213 + 63 = 216 + 60 = 276

⑤ 283 + 114 = 283 + 100 + 10 + 4 = 383 + 10 + 4 = 393 + 4 = 397
283 + 114 = 283 + 4 + 10 + 100 = 287 + 10 + 100 = 297 + 100 = 397
283 + 114 = 280 + 117 = 380 + 17 = 397
283 + 114 = 200 + 100 + 80 + 10 + 3 + 4 = 300 + 90 + 7 = 397
283 + 114 = 300 − 17 + 114 = 300 + 114 − 17 = 414 − 17 = 397
283 + 114 = 287 + 110 = 297 + 100 = 397

⑥ 114 − 83 = 114 − 80 − 3 = 34 − 3 = 31
114 − 83 = 114 − 3 − 80 = 111 − 80 = 31
114 − 83 = 111 − 80 = 31
114 − 83 = 100 − 80 + 10 + 4 − 3 = 100 − 70 + 1 = 30 + 1 = 31
114 − 83 = 114 − 100 + 17 = 14 + 17 = 31
114 − 83 = 121 − 90 = 131 − 100 = 31

c) individuell

74 Zum Weiterarbeiten

Auch bei der Multiplikation und der Division gibt es verschiedene Rechenwege. Beispiele:

① $29 \cdot 38 = (20 + 9) \cdot (30 + 8) = 20 \cdot 30 + 20 \cdot 8 + 9 \cdot 30 + 9 \cdot 8$
$= 600 + 160 + 270 + 72 = 600 + 430 + 72 = 600 + 502 = 1102$
$29 \cdot 38 = (30 - 1) \cdot (40 - 2) = 30 \cdot 40 - 30 \cdot 2 - 1 \cdot 40 + 1 \cdot 2$
$= 1200 - 60 - 40 + 2 = 1200 - 100 + 2 = 1100 + 2 = 1102$

② $826 : 7 = (770 + 56) : 7 = 110 + 8 = 118$
$826 : 7 = (840 - 14) : 7 = 120 - 2 = 118$
$826 : 7 = (700 + 140 - 14) : 7 = 100 + 20 - 2 = 118$

③ $935 : 5 = (500 + 400 + 35) : 5 = 100 + 80 + 7 = 187$
$935 : 5 = (1000 - 65) : 5 = 200 - 13 = 187$
$935 : 5 = 935 \cdot 2 : 10 = 1870 : 10 = 187$

5

a)
```
            62 500
        250       250
      10     25      10
    2     5      5      2
```

b)
```
            2143
        941       1202
     364     577     625
   301    63    514    111
```

c)
```
            482
        284       198
     198     86      112
   146    52    34     78
```

In einer Additions- oder Multiplikationsmauer mit vier Zahlen in der untersten Reihe können die erste und die vierte Zahl sowie die dritte und vierte Zahl miteinander vertauscht werden, wenn die Summe bzw. das Produkt der beiden äußeren Zahlen gleich der Summe bzw. dem Produkt der beiden inneren Zahlen ist.

6

Aufgaben ohne Rest:
6300 : 6 = 1050;   6300 : 7 = 900;
6300 : 5 = 1260;   976 : 8 = 122;
1104 : 6 = 184;   1104 : 8 = 138

Aufgaben mit Rest:
6300 : 8 = 787 R 4;   976 : 6 = 162 R 4;
976 : 7 = 139 R 3;   976 : 5 = 195 R 1;
1104 : 7 = 157 R 5;   1104 : 5 = 220 R 4;
1711 : 6 = 285 R 1;   1711 : 7 = 244 R 3;
1711 : 8 = 213 R 7;   1711 : 5 = 342 R 1

6

Aufgaben ohne Rest:
16 458 : 5 = 2743;   17 883 : 9 = 1987;
11 656 : 8 = 1457;   17 171 : 7 = 2453

Aufgaben mit Rest:
16 458 : 7 = 2351 R 1;
16 458 : 8 = 2057 R 2;
16 548 : 9 = 1828 R 6;
17 883 : 6 = 2980 R 3;
17 883 : 7 = 2554 R 5;
17 883 : 8 = 2235 R 3;
11 656 : 6 = 1942 R 4;
11 656 : 7 = 1665 R 1;
11 656 : 9 = 1295 R 1;
17 171 : 6 = 2861 R 5;
17 171 : 8 = 2146 R 3;
17 171 : 9 = 1907 R 8

75 7

a) $46 + 5 \cdot 4 - 7 \cdot 8 = 46 + 20 - 56$
$= 66 - 56 = 10$
b) $15 + 3 \cdot 4 - 9 + 12 = 15 + 12 - 9 + 12$
$= 27 - 9 + 12 = 18 + 12 = 30$
c) $(9 + 6) \cdot 30 = 15 \cdot 30 = 450$
d) $(77 - 32) \cdot (7 + 13) = 45 \cdot 20 = 900$
e) $(75 - 9 \cdot 8) \cdot 125 = (75 - 72) \cdot 125$
$= 3 \cdot 125 = 375$
f) $27 : (25 - 8 \cdot 2) = 27 : (25 - 16)$
$= 27 : 9 = 3$

8

$120 + 127 = 247$
$291 - 37 = 254$
$250 : 5 = 50$
$24 \cdot 100 = 2400$
$120 + 27$ muss die Endziffer 7 haben.
$291 - 37$ muss die Endziffer 4 haben.
$24 \cdot 100$ muss zwei Nullen am Ende haben.
Übrig bleibt $250 : 5 = 50$.

7

a) $26 - 20 + 56 = 6 + 56 = 62$
b) $60 \cdot 3 - 9 \cdot 12 = 180 + 3 = 183$
c) $27 : (9 \cdot 3) = 27 : 27 = 1$
Die Klammern sind erforderlich, denn
$27 : 9 \cdot 3 = 3 \cdot 3 = 9 \neq 1$.
d) $(27 : 9) : 3 = 3 : 3 = 9$
Die Klammern sind nicht erforderlich.
e) $12 + (9 \cdot 6) = 12 + 54 = 66$
Die Klammern sind nicht erforderlich,
da Punkt- vor Strichrechnung gilt.
f) $(12 + 9) \cdot 6 = 21 \cdot 6 = 126$
Die Klammern sind erforderlich, denn
$12 + 9 \cdot 6 = 12 + 54 = 66 \neq 126$.

8

In der ersten Spalte stehen die gekauften Waren und deren Anzahlen, in der zweiten die Einzelpreise. Durch Multiplikation von Anzahl und Einzelpreis erhält man den für die jeweilige Ware zu bezahlenden Preis in der dritten Spalte. Diese Preise werden addiert. Von der Summe werden noch 5 € Pfand für zurückgegebene Flaschen subtrahiert. Auf diese Weise ergibt sich der Gesamtpreis. Er wurde korrekt berechnet.

Nachgedacht

118 € ist kein Vielfaches von 5 €. Beim Einsammeln oder Zählen des Geldes muss deshalb irgendetwas schiefgelaufen sein.

9

a) Das Geld reicht nicht für den gesamten Einkauf. Fabian hat beim Überschlag alle drei Preise abgerundet und dabei 140 € als Summe erhalten. Der wirkliche Gesamtpreis muss folglich höher sein. Er beträgt 147 €, es fehlen also 7 €.
b) Fabian hat nicht falsch gerechnet, aber ein Überschlag in dieser Form war für die hier vorliegende Sachsituation nicht geeignet.
c) Wenn man bei Einkäufen überprüfen möchte, ob das Geld zum Bezahlen reicht, empfiehlt es sich, beim Überschlag alle Preise aufzurunden. Wenn dann die Summe kleiner ist als der mitgeführte Geldbetrag, reicht das Geld in jedem Falle. Ist die Summe geringfügig größer, kann es in einigen Fällen sein, dass das Geld trotzdem noch reicht. Das lässt sich dann aber nur durch eine genaue Rechnung herausfinden.

10

a) $71 - 40 + 22 = 53$ b) $22 \cdot 4 = 88$
c) $30 : 3 + 11 = 21$

10

a) $\square + 15 - 11 = 44$; $\square + 4 = 44$; $\square = 40$
b) $3 \cdot \square = 165$; $\square = 55$

75

11
a) Es waren insgesamt 122 007 563 Fluggäste.
b) Insgesamt wurden 2 446 682 t Fracht verladen.
c) Es handelt sich um den Flughafen München.
d) Es genügt, die Fluggastanzahlen in vollen Millionen und die Frachtmengen auf 10 000 t genau anzugeben.

12

Größtes Ergebnis:	653 · 74 = 48 322
Zum Vergleich:	743 · 65 = 48 295;
643 · 75 = 48 225;	753 · 64 = 48 192;
654 · 73 = 47 742;	754 · 63 = 47 502;
Kleinstes Ergebnis:	467 · 35 = 16 345
Zum Vergleich:	357 · 46 = 16 422;
457 · 36 = 16 452;	367 · 45 = 16 515;
356 · 47 = 16 732;	456 · 37 = 16 872

12
a) Wenn die erste Zahl verdoppelt wird, verdoppelt sich auch das Produkt.
b) Wenn die zweite Zahl halbiert wird, wird auch das Produkt halbiert.
c) Das Produkt bleibt unverändert.

76

13
a) Beim Kauf einzelner Tageskarten beträgt der Eintritt 3 · 6 € + 4 € + 3 € = 25 €. Eine Gruppenkarte wäre teurer und lohnt sich deshalb nicht
b) Eine Jahreskarte lohnt sich für Isabell ab 26 Zoobesuchen im Jahr (also zwei bis drei Zoobesuchen im Monat), denn beim Kauf von Tageskarten müsste sie dann 26 · 3 € = 78 € oder mehr bezahlen. Bei genau 25 Zoobesuchen im Jahr ist es egal, ob Isabell eine Jahreskarte oder Tageskarten kauft.
c) Der Eintrittspreis für den Rest der Familie beträgt 3 · 6 € + 4 € = 22 €.

14
a)

Zeitraum	Woche	Monat	Monat	Monat	Monat	Jahr	Jahr
Tage	7	28	29	30	31	365	366
Futterbedarf in kg	1400	5600	5800	6000	6200	73 000	73 200

b) Die Raubtiere fressen pro Tag 2 · 5 kg + 2 · 1,5 kg + 3 · 5 kg = 28 kg Fleisch. Es ist 700 kg : 28 kg = 25. Der Futterbestand reicht also noch für 25 Tage, falls das Fleisch so lange haltbar ist.
c) Drei Seehunde fressen am Tag zusammen 15 kg Fisch. Wenn sie 4 kg während der Vorführung erhalten, werden also noch 11 kg Fisch für die weiteren Fütterungen benötigt.

15
① Die beiden Mähnenwölfe fressen an einem Tag 3 kg Fleisch, in fünf Tagen also 15 kg. Die drei Löwen fressen an einem Tag ebenfalls 15 kg Fleisch. Die erste Aussage ist also wahr.
② Eine Giraffe frisst pro Tag 50 kg, in zwölf Tagen also 600 kg. Das ist weniger, als sie wiegt. Die zweite Aussage ist also falsch. Erst nach 15 Tagen hat die Giraffe mehr, als sie wiegt, gefressen (750 kg).

76 16
a) Beispiel: Der Bestand an Raubtieren nahm zuerst etwas ab, stieg dann aber stärker an. Er ist heute etwa 1,2-mal so groß wie vor fünf Jahren. Der Bestand an Paarhufern stieg zuerst stark an, fiel aber in den letzten drei Jahren wieder etwas ab. Er wuchs seit der Eröffnung um etwa ein Siebentel. Der Bestand an Vögeln stieg in den ersten beiden Jahren kaum, danach aber sehr stark. Er ist heute 1,3-mal so groß wie vor fünf Jahren. Der Bestand an Kriechtieren verringerte sich während der gesamten Zeit kontinuierlich um etwa drei Tiere alle zwei Jahre. Bei der Eröffnung waren es 100 Tiere, heute sind es nur noch 93.
b) Beispiel:

Tierbestand im Zoo — Legende: vor 5 Jahren, vor 3 Jahren, heute.
Anzahl: 0, 50, 100, 150, 200, 250
Kategorien: Raubtiere, Paarhufer, Vögel, Kriechtiere

c) Gruppenarbeit

Zum Weiterarbeiten
Gruppenarbeit

Größen

Geld

81 Entdecken

1

① 4,62 €   ② 4,24 €   Links liegt mehr Geld.

Linker Einkaufswagen: 5,32 €; rechter Einkaufswagen: 4,38 €

Die Waren im linken Wagen sind teurer.

2

a) Es wären eine Million 1-€-Münzen.

b) 2-€-Münzen: 500 000;   5-€-Scheine: 200 000;   10-€-Scheine: 100 000;
20-€-Scheine: 50 000;   50-€-Scheine: 20 000;   100-€-Scheine: 10 000;
200-€-Scheine: 5000;   500-€-Scheine: 2000

3

Individuelle Lösungen. Beispiele:

100 € + 50 € + 20 € + 10 € + 10 € + 5 € + 5 €;

50 € + 50 € + 20 € + 20 € + 20 € + 10 € + 10 € + 5 € + 5 € + 5 €;

50 € + 50 € + 50 € + 20 € + 20 € + 10 €

4

Die Münzen werden nach Sorten getrennt in Fünfergruppen sortiert, damit sie vorteilhaft und schnell zusammengezählt werden können.

82 Üben und anwenden

1

a) 6 €   b) 40 €
c) 3,05 €   d) 7,50 €
e) 0,60 €   f) 1200 Ct

2

a) 2 € + 2 € + 50 Ct
b) 1 € + 50 Ct + 20 Ct
c) 50 Ct + 20 Ct + 10 Ct + 2 Ct + 1 Ct
d) 10 € + 20 Ct + 20 Ct + 5 Ct
e) 10 € + 2 € + 1 €
f) 50 € + 5 € + 2 €

1

a) 700 Ct   b) 5,07 €
c) 9,50 €   d) 0,34 €
e) 1 Ct   f) 3705 Ct

2

Bei allen Teilaufgaben gibt es mehrere Möglichkeiten. Beispiele:

a) 20 € + 5 € + 50 Ct + 10 Ct + 5 Ct
b) 50 € + 10 € + 5 € + 2 € +
10 Ct + 2 Ct + 2 Ct
c) 100 € + 20 € + 10 € + 2 € +
20 Ct + 5 Ct + 2 Ct
d) 200 € + 20 € + 2 € + 20 Ct + 2 Ct
e) 20 € + 10 € + 5 € + 2 € + 1 € +
20 Ct + 10 Ct
f) 200 € + 100 € + 50 € + 20 € + 5 € + 2 €
+ 2 € + 20 Ct + 10 Ct + 5 Ct + 2 Ct + 2 Ct

82

3

a) Florian hat zuerst den Euro-Betrag in Cent umgewandelt, danach die Cent-Beträge addiert und zum Schluss das Ergebnis wieder in Euro umgewandelt.

b) Vor dem Rechnen müssen alle gegebenen Größen in dieselbe Einheit umgewandelt werden.

c) ① 2,99 €   ② 2,69 €   ③ 1,38 €   ④ 3,91 €

4

a) 59 €   b) 52,45 €
c) 5,40 €   d) 1,98 €
e) 9,30 €

a) 1,89 € + 1,95 € + 1,49 € + 1,09 € +
0,55 € + 0,55 € = 7,52 €

b) 1,49 € + 2,49 € + 1,95 € + 2,29 €
= 8,22 €

5

a) Der folgende grobe Überschlag, bei dem alle Geldbeträge abgerundet werden, zeigt bereits, dass 10 € nicht reichen:
0,80 € + 1 € + 3 € + 1 € + 0,40 € +
2 € + 2 € = 10,20 €

b) Die genauen Kosten betragen 11,88 €.

c) individuelle Aufgaben und Lösungen

a) Beispiele:
1,89 € + 1,49 € + 2,49 € + 1,79 € +
1,95 € + 0,39 € = 10,00 €
0,60 € + 0,75 € + 0,55 € + 1,89 € +
2,49 € + 1,79 € + 1,95 € = 10,02 €

b) Partnerarbeit

c) individuelle Aufgaben und Lösungen

6

Die Rechnungssumme beträgt 9,93 €.
Man erhält also 10,07 € zurück.

6

Kaufpreis	gegeben	Rückgeld
24,50 €	30,00 €	**5,50 €**
4,71 €	10,00 €	**5,29 €**
34,72 €	40,00 €	**5,28 €**
39,62 €	50,00 €	**10,38 €**
27,50 €	50,00 €	22,50 €
32,78 €	40,00 €	7,22 €
44,72 €	**50,00 €**	5,28 €

Länge

83 Entdecken

1

a), b) Gruppenarbeit

c) Die Ellenlänge kann bei verschiedenen Menschen unterschiedlich sein. Dieses Problem lässt sich z. B. durch die Verwendung eines Messstabes aus Holz lösen.

d) individuelle Lösungen

2

a) Marienkäfer: 7,5 mm; Ameise: 9 mm; Borsten der Zahnbürste: 8 mm; Biene: 14 mm; Buntstiftmine: 5,5 mm; braunes Insekt: 11 mm

b) individuelle Lösungen

83

3 individuelle Lösungen

4 klassenabhängige Lösungen

84 Üben und anwenden

Nachgedacht

Bleistiftlänge: Lineal; Körpergröße: Messlatte, Bandmaß; Raumhöhe: Zollstock, Bandmaß; Seillänge: Bandmaß; Kopfumfang: Bandmaß; Buslänge: Stahlbandmaß

1 individuelle Lösungen

2 Floh: 3 mm; Echse: 2 dm oder 22 cm; Meerschweinchen: 2 dm oder 22 cm; Tiger: 2,50 m; Elefant: 6,50 m; Blauwal: 26 m

85

3

a) 280 km   b) 21 cm
c) 11 m   d) 1 mm
e) 16 cm   f) 10 dm
g) 1,6 cm   h) 90 m

4

a) 25 dm = 250 cm = 2500 mm   14 dm = 140 cm = 1400 mm
   14 dm = 1,4 m = 0,0014 km
b) 2 km = 2000 m = 20 000 dm   4 km = 4000 m = 40 000 dm
   = 200 000 cm = 2 000 000 mm   = 400 000 cm = 4 000 000 mm
c) 2,6 m = 26 dm = 260 cm = 2600 mm   2,5 m = 25 dm = 250 cm = 2500 mm
   2,5 m = 0,0025 km
d) 2,05 cm = 20,5 mm   13,02 cm = 130,2 mm
   13,02 dm = 1,302 m = 0,1302 m
   = 0,000 130 2 km

5

a) 5 dm   b) 70 m
c) 2500 cm   d) 2000 m

6

a) 3500 mm   b) 35 000 m
c) 3000 cm   d) 3 cm
e) 3 m   f) 0,35 km

7

a) 3000 mm   b) richtig
c) richtig   d) 0,5 dm
e) richtig   f) 750 mm

5

a) 500 cm   b) 72,05 dm
c) 2 500 000 cm   d) 720 000 mm

6

a) 60 dm   b) 80 cm
c) 2 km   d) 7000 m
e) 1,5 m   f) 1,2 km

7

a) 0,08 cm   b) 1500 m
c) 3 cm   d) 75 dm
e) 7,5 mm   f) richtig

85 8

a) Diese Aussage kann nicht stimmen, denn 0,05 km = 50 m. Babys sind bei der Geburt etwa 50 cm lang.

b) Diese Aussage ist richtig. Die Einheit ist sinnvoll gewählt, man kann aber auch 12 cm schreiben.

c) Diese Aussage kann zutreffend sein. Kürzer und damit sinnvoller wäre die Schreibweise 250 km.

9

Rechnet man je Pkw mit einem Platzbedarf von etwa 5 m (4 m Länge + 1 m Abstand zum nächsten Auto), so passen auf eine Spur etwa 2900 Pkws (14 500 m : 5 m = 2900) und auf alle vier Spuren etwa 11 600 Pkws (4 · 2900 = 11 600).

Bei dieser Rechnung wurde allerdings vorausgesetzt, dass wenig oder keine Lkws und Busse mit im Stau stehen. Dies kann am ehesten an einem Sonntag oder Feiertag zutreffen. Bei starkem Lkw-Verkehr ist hingegen eine deutlich geringere Zahl an Pkws zu erwarten.

Strategie: Schätzen mit Bezugsgrößen

86 Üben und anwenden

1

Die oben auf dem linken Schuh sitzende Person wäre ausgestreckt im Bild 5 mm groß. Der Schuh ist im Bild 18 mm hoch. Nimmt man die wirkliche Größe der Person mit 1,70 m an, so ergibt sich für den Schuh eine Höhe von 170 cm : 5 · 18 = 34 cm · 18 = 612 cm ≈ 6 m.
Der rechte Schuh wird ungefähr so hoch sein wie der linke. Er ist zwar mit 19 mm im Bild etwas höher, dafür befindet er sich aber weiter vorn.

2

Eine 1-Cent-Münze hat eine Dicke von 1,67 mm. Ein Turm aus 1000 solchen Münzen ist somit 1670 mm = 1,67 m hoch.

3

individuelle Aufgaben und Lösungen

Masse (Gewicht)

87 Entdecken

1 + 2

individuelle Lösungen

3

a) Carla muss einkaufen: 1,5 kg Butter, 3 kg Mehl, 24 Eier (etwa 1,2 kg), 180 g Zucker, 30 g Backpulver.

b) klassenabhängige Lösungen

c) schulabhängige Lösungen

88 Üben und anwenden

1
Haar: 1 mg; Brief: 10 g; Brot: 1 kg; Mensch: 70 kg; Auto: 450 kg;
Eisbär: $1\frac{1}{2}$ t; Elefant: 7 t; Blauwal: 150 t

2
a) 4 kg = 4000 g
b) 4 g = 4000 mg
c) $4\frac{1}{2}$ kg = 4 500 000 mg
d) $\frac{3}{4}$ kg = 750 g
e) 44 g = 44 000 mg

2
a) 5 t = 5000 kg = 5 000 000 g
b) 4 000 000 mg = 4000 g = 4 kg
c) $\frac{1}{4}$ t = 250 kg = 250 000 g
d) $3\frac{1}{2}$ t = 3500 kg = 3 500 000 g
e) 75 000 mg = 75 g   f) 8000 kg = 8 t
g) 3 750 000 mg = $3\frac{3}{4}$ kg

3
a) 3200 g   b) 4500 kg
c) 5480 mg   d) 45 950 kg
e) 9090 g   f) 3099 kg

3
a) 30 200 g   b) 4055 kg
c) 750 048 mg   d) 909 070 g
e) 5 000 700 g   f) 90 009 g

4
a) Justus muss 3,63 kg tragen.
b) Peters Einkauf wiegt 3,53 kg.
c) individuelle Aufgaben und Lösungen
d) Beispiel: Waschmittel (2,5 kg), Tomaten (0,5 kg) und Zucker (1 kg).

5
a) 1500 kg   b) 2150 mg
c) 35 kg   d) 520 kg
e) 991 g

5
a) 7000 mg   b) 20 000 g
c) 15 t   d) 75 000 kg
e) 8000 kg

6
Das Kopfhaar eines Menschen wiegt etwa 80 bis 100 g.

Volumen

89 Entdecken

1
Individuelle Lösungen. Die Abkürzung ml bedeutet Milliliter, eine Volumeneinheit.

2
a) Die Lösungen sind abhängig von den verwendeten Gefäßen.
b) Der Messbecher muss jeweils bis zur folgenden Markierung gefüllt werden:
① 500 ml   ② 250 ml   ③ 750 ml   ④ 1500 ml

89 3
große grüne Flasche: 1,5 l; große hellblaue Flasche: $\frac{3}{4}$ l; große schwarze Flasche: $\frac{1}{2}$ l;
gelbe Flasche: 50 ml; hellblaue Flasche links von der gelben: 40 ml;
hellblaue Flasche rechts von der gelben: 30 ml; kleine schwarze Flasche: 25 ml;
Lippenstift: 10 ml; kleine rosa Dose: 6,5 ml

90 Üben und anwenden

Nachgedacht
② 500 ml   (halber Durchmesser und gleiche Höhe wie Glas ①; bei Halbierung des Durchmessers verringert sich das Volumen auf ein Viertel)
③ 1000 ml   (halbe Höhe und gleicher Durchmesser wie Glas ①)
④ 250 ml   (halber Durchmesser und gleiche Höhe wie Glas ①)
⑤ 333 ml   (gleicher Durchmesser und gleiche Höhe wie Glas ③, aber Kegelform)

1
④ < ⑤ < ② < ③ < ①

2
a) 0,125 l   b) 0,4 l
c) 1,875 l   d) 1 l
e) 1500 ml   f) 3750 ml

2
a) 2,675 l   b) 3,05 l
c) 0,75 l   d) 0,32 l
e) 1375 ml   f) 25 500 ml

3
a) 250 ml   b) 250 l
c) 6000 l   d) 8 ml

4
200 ml < $\frac{1}{2}$ l < 1,2 l < 5800 ml < 6 l
< 19 000 ml
0,2 l < 0,5 l < 1,2 l < 5,8 l < 6 l < 19 l

4
5,46 ml < 0,566 l < 5 l < 5466 ml
< 6,66 l < 56 l
5,46 ml < 566 ml < 5000 ml < 5466 ml <
6660 ml < 56 000 ml

5
René hat richtig gerechnet.
5 Liter sind das Fünffache von 1 Liter.
Für 5 Liter Spezi benötigt er also
5 · 600 ml = 3000 ml = 3 l Orangenlimonade und 5 · 400 ml = 2000 ml = 2 l Cola.

5
Miriam hat falsch gerechnet. 10 Liter sind das Zwanzigfache von einem halben Liter.
Für 10 Liter Punsch benötigt sie also
20 · 300 ml = 6000 ml = 6 l Früchtetee und
20 · 200 ml = 4000 ml = 4 l Orangensaft.

6
a) Der Hausmeister verkauft 7 Liter Milch.
b) Das Ergebnis sollte in der Einheit Liter angegeben werden, da die Angabe 7000 ml unübersichtlicher ist.
c) 28 · 5 · 7 l = 140 · 7 l = 980 l ≈ 1000 l
In einem Schuljahr mit 28 Wochen sind das rund 1000 Liter.

6
a) in einer Woche: 7 · 8 l   = 56 l
in einem Monat: 30 · 8 l   = 240 l
in einem Jahr: 365 · 8 l   = 2920 l ≈ 2900 l
b) in einer Woche: 7 · 2,5 l   = 17,5 l
in einem Monat: 30 · 2,5 l   = 75 l
in einem Jahr: 365 · 2,5 l ≈ 910 l

90

6 (Fortsetzung)
Es ist günstig, die Ergebnisse in der Einheit Liter anzugeben, da bei Angabe in Millilitern zu große Zahlen auftreten.

Zeit

91 Entdecken

1
a) 20 s   b) 1 Jahr   c) 2 min 39 s   d) 100 min   e) 3 Tage   f) individuell

2
experimentelle Übungen

Nachgedacht
Eine Uhr mit Sekundenzeiger ist auch geeignet.

3
a) 6:45 Uhr; 7:20 Uhr; 8:00 Uhr; 15:10 Uhr; 45 Minuten; eine Stunde
b) Die ersten vier Angaben sind Zeitpunkte, die letzten beiden Zeitspannen.
c) 15 min + 8 h + 10 min = 8 h 25 min (15 min = Zeit von 6:45 bis 7:00 Uhr; 10 min = Zeit von 15:00 bis 15:10 Uhr)
8 h = Zeit von 7:00 bis 15:00 Uhr;
Sarah ist jetzt schon 8 Stunden und 25 Minuten wach.

92 Üben und anwenden

1
a) 2700 s; 615 s
b) 14 min; 150 min
c) 2 h 50 min; 51 h

kürzeste Zeitspanne: 51 h
längste Zeitspanne: 615 s

2

Zug-Nr.	ab München	an Kempten	Fahrtzeit
ICE 549	14:37	15:28	**51 min**
RE 14211	14:24	15:50	**1 h 26 min**
RE 29623	14:49	16:30	**1 h 41 min**
RE 3726	15:20	16:51	**1 h 31 min**

3
a) 2 h 45 min (oder 14 h 45 min)
b) 35 min (oder 12 h 35 min)

92

4
a) 3360 Tage = 3287 Tage + 73 Tage $\approx$ 9 Jahre $2\frac{1}{2}$ Monate. Das ist möglich.
b) 30 240 min = 504 h = 21 Tage. Das ist möglich und würde bedeuten, dass Babys drei Viertel der betrachteten Gesamtzeit von 28 Tagen schlafen.
c) Das kann sein. Michael Jackson lebte 50 Jahre und rund 10 Monate.

93

5
individuelle Lösungen

6
a) Bäcker Meyer muss samstags um 1:15 Uhr, sonst um 3:15 Uhr aufstehen.
b) Er muss freitags spätestens um 19:15 Uhr, sonst um 21:15 Uhr ins Bett gehen.

6
Plant man z. B. eine Stunde für die Badbenutzung aller Familienmitglieder, 10 min zum Packen der Kulturtaschen, eine Stunde für das gemeinsame Frühstück, 10 min für den Kontrollgang, 15 min zum Anziehen und Fertigmachen, 45 min Fahrzeit und 12 min Reservezeit auf dem Bahnhof bis zur Abfahrt des Zuges, so kommt man auf einen Gesamtbedarf von 3 h 32 min. Die Erwachsenen sollten also um 3:00 Uhr aufstehen, die Kinder könnten dann gegen 3:20 Uhr oder 3:30 Uhr geweckt werden.

7
a) Überschlag: z. B. 4 min + 4 min + 4 min + 5 min + 3 min + 4 min + 5 min = 25 min
Genaue Rechnung:
4 min − 7 s + 4 min − 5 s + 5 min + 15 s + 3 min + 25 s + 4 min − 13 s + 5 min + 25 s + 4 min − 13 s
= 25 min + 48 s − 25 s = 25 min 23 s
b) Beispiele:
① Lieder Nr. 1, 2, 4 und 5:
4 min − 7 s + 4 min − 5 s + 3 min + 25 s + 4 min − 13 s
= 15 min + 25 s − 25 s = 15 min (bestmögliche Ausnutzung der Zeit)
② Lieder Nr. 2, 3 und 6:
4 min − 5 s + 5 min + 15 s + 5 min + 8 s = 14 min + 23 s − 5 s = 14 min 18 s
③ Lieder Nr. 1, 3 und 6:
4 min − 7 s + 5 min + 15 s + 5 min + 8 s = 14 min + 23 s − 7 s = 14 min 16 s

8
a) Mica muss um 8:45 Uhr, seine Mutter um 9:45 Uhr in den Bus steigen.
b) Mica und seine Mutter müssen spätestens den Bus um 18:30 Uhr ab Günzburg, Stadtpark nehmen.
c) Mica sitzt auf der Hinfahrt 1 h 45 min und auf der Rückfahrt 1 h 45 min, insgesamt also 3 Stunden und 30 Minuten im Bus. Seine Mutter sitzt auf der Hinfahrt 45 min und auf der Rückfahrt 45 min, insgesamt also 1 Stunde und 30 Minuten im Bus.
d) individuelle Lösungen

1
a) 420 s   b) 78 h
c) 1690 s   d) 4 Tage
e) 345 min   f) 29 220 Tage
kürzeste Zeitspanne: 420 s
längste Zeitspanne: 29 220 Tage

2

Zug-Nr.	ab München	an Kempten	Fahrtzeit
IR 2645	14:45	15:43	**58 min**
ICE 641	16:38	17:28	50 min
RE 2975	15:24	16:50	1:26 h
ICE 953	17:37	18:28	51 min

3
a) 40 min   b) 1 h
c) 1 h 45 min   d) 4 h 50 min
e) 13 h 55 min   f) 1 Tag 1 h 50 min
g) individuelle Lösungen

96 Vermischte Übungen

Nachgedacht

Es genügen zwei Fahrten. Beispiele:
① Fahrt 1: Vater und Sohn (78 kg + 42 kg = 120 kg);
  Fahrt 2: Mutter, Tochter, Hund und Katze (65 kg + 12 kg + 18 kg + 3 kg = 98 kg)
② Fahrt 1: Mutter, Sohn und Tochter (65 kg + 42 kg + 12 kg = 119 kg);
  Fahrt 2: Vater, Hund und Katze (78 kg + 18 kg + 3 kg = 99 kg)
③ Fahrt 1: Vater, Tochter und Hund (78 kg + 12 kg + 18 kg = 108 kg);
  Fahrt 2: Mutter, Sohn und Katze (65 kg + 42 kg + 3 kg = 110 kg)

1

Zeit: 17 Jahre, 45 min, $\frac{3}{4}$ Stunde;
Geld: 3,70 €, 2 Cent;
Gewicht: keine Größe vorhanden
Länge: 300 m, $5\frac{1}{2}$ Kilometer, 1,5 cm;
Volumen: 5 Liter;

2

a) m oder cm; Bandmaß oder Zollstock Hochsprungständer mit Maßeinteilung
b) € oder Ct; Münzzählmaschine
c) h oder min; Armbanduhr
d) kg; Personenwaage

a) Jahre; Kalender
b) kg; geeignete Waage
c) km/h oder m/s; Radargerät

3

Zugart	ab Nürnberg	an Würzburg	Fahrzeit
ICE	08:31	09:28	**57 min**
RB	08:52	10:01	**1 h 9 min**
IC	08:59	10:17	**1 h 18 min**
ICE	09:31	10:28	**57 min**

Zugart	ab Augsburg	an Nürnberg	Fahrzeit
ICE	17:17	**18:27**	1:10 h
RE	17:29	**18:58**	1:29 h
IC	**17:45**	19:03	1:18 h
ICE	18:17	19:27	**1:10 h**

4

a) 40 cm < 4 m
b) 55 cm > 5 dm
c) 60 m 3 cm < 63 m
d) 0,75 km > 75 m
e) 5 km 800 m > 5,08 km
f) 408 m > 400 m 8 cm

a) 55 m > 55 dm
b) 0,8 m = 80 cm
c) 40 mm < 4 dm
d) 38 cm > 3 dm
e) 300 m 33 cm > 330 dm
f) 0,994 km > 900 m 4 dm

5

Beispiel:
a) Huhn 4 kg; Kaninchen 5 kg; Katze 7 kg; Karpfen 15 kg; Delfin 150 kg; Braunbär 200 kg; Pferd 400 kg
b) Huhn < Kaninchen < Katze < Karpfen < Delfin < Braunbär < Pferd

---

96 5 *(Fortsetzung)*

c)

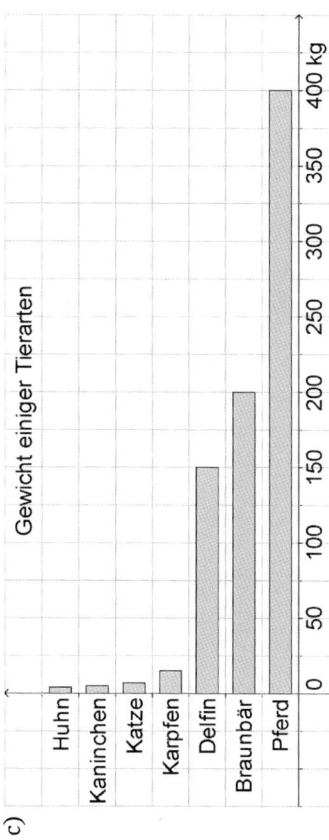

Gewicht einiger Tierarten

6

a) 50 000 g = 50 kg; das kann nicht stimmen; Korrektur: z. B. 3,5 kg
b) 7200 mm = 7,2 m; das kann nicht stimmen; Korrektur: 22,5 cm
c) 42 000 m = 42 km; diese Angabe stimmt näherungsweise (genaue Streckenlänge: 42,195 km)

6

a) 0,001 m = 1 mm; das kann nicht stimmen; Korrektur: z. B. 13 mm
b) 40 000 Ct = 400 €; das kann allenfalls für einen sehr alten Gebrauchtwagen zutreffen; Korrektur: z. B. 14 000 €
c) 30 000 ml = 30 l; das kann stimmen

7

Individuelle Schätzungen. Es ist nicht realistisch, die Laufzeit für 40 km durch Multiplikation der 100-m-Zeit mit 400 ermitteln zu wollen, da bei längeren Strecken schnell Ermüdung eintritt und das Tempo vom 100-m-Sprint nicht lange durchgehalten werden kann.

97 8

8

a) Die Summe kann nicht stimmen, sie ist viel zu hoch. Überschlag:
16 € + 4 € + 2 € + 4 € + 1 € = 27 €; genaues Ergebnis: 26,67 €
b) Die Kassiererin hat wahrscheinlich 202 € statt 2,02 € eingegeben.

8

a) Das Ergebnis kann nicht stimmen. Rundet man den Preis einer Dose auf 0,50 € und rechnet das Jahr zu 360 Tagen, so erhält man jährliche Kosten von ungefähr 180 €.
b) Natalie rechnete zuerst der Einfachheit halber mit einem Dosenpreis von 50 Cent. Um auf einen Dosenpreis von 49 Cent zu kommen, subtrahierte sie anschließend für jeden Tag des Jahres 1 Cent, also insgesamt 365 Cent. Zum Schluss rechnete sie das Ergebnis von Cent in Euro um.

9

Das Päckchen wiegt 1937 g = 1,937 kg. Es ist also nicht zu schwer.

9

Die Waren ohne Korb wiegen 4,305 kg.
Der gefüllte Korb wiegt 4,73 kg.

98 15

Die Familie fuhr zuerst zwei Siebentel der Gesamtstrecke mit gleichbleibender Geschwindigkeit. Danach machte sie eine längere Pause. Anschließend legte sie ein Streckenstück mit höherer Geschwindigkeit zurück, vielleicht auf der Autobahn, danach fuhr sie wieder längere Zeit mit etwa derselben Geschwindigkeit wie am Anfang, wahrscheinlich auf Landstraßen. Nach vier Fünfteln der Strecke legte die Familie eine weitere, deutlich kürzere Pause ein. Das letzte Stück bis zum Ziel wurde ebenfalls mit derselben Geschwindigkeit wie zu Beginn der Fahrt zurückgelegt.

16

Individuelle Lösungen. Anmerkungen zu einzelnen Aufgaben:
• Die Höhe des Papierstapels hängt von der Blattstärke ab. Bei einer Blattdicke von 0,1 mm wird der Stapel 100 000 mm = 100 m hoch.
• Der Bücherstapel ist im Bild 40 mm hoch, die unmittelbar daneben stehenden Personen etwa 6 mm. Nimmt man deren Körpergröße mit 1,70 m an, so ergibt sich für den Bücherstapel die Höhe 40 mm : 6 mm · 1,70 m ≈ 11 m.

15

Zuerst wurde Kaffee eingefüllt und danach Milch hinzugegeben. Nach einer kurzen Pause wurde zunächst die Hälfte des Kaffees getrunken. Anschließend wurde noch etwas Milch oder vielleicht Zucker dazugegeben und nach einer weiteren kurzen Pause der restliche Kaffee in zwei Schlucken ausgetrunken.

---

97 10

a) Die vier Personen können sich alle angegebenen Karten leisten. Der Gesamtpreis beträgt 144 € bei Kategorie 2 und 100 € bei Kategorie 3.
b) Wenn Karten der Kategorie 1b gekauft wurden, reicht das Geld nur für zwei Bratwurstsemmeln. Wurden Karten der Kategorie 2 oder 3 gekauft, dann reicht das Geld aus.
c) individuelle Lösungen

11
Mammutbaum: 115 m; Tanne: 58 m;
Eiche: 53 m; Kiefer: **42 m**;
Linde: **27 m**; Eberesche: 23 m

12
a) Beispiel: Aus der Flasche werden 600 ml Saft in das rechte Glas umgeschüttet. In der Flasche verbleiben 400 ml. Aus dem Glas werden 400 ml Saft in das linke Glas umgefüllt. Diese 400 ml werden anschließend in die Flasche zurückgeschüttet.
b) Die Lösung zu a) erfüllt die angegebene Bedingung.

98 Nachgedacht

Die drei SMS bestehen insgesamt aus 1440 Zeichen. Zu deren Eingabe benötigt Esras Opa 1440 Sekunden, das sind 24 Minuten. In fünf Minuten schafft er 300 Buchstaben.

13
a) Es werden 25,2 m Zaun benötigt.
b) Beim Angebot A kosten 10 m Zaun 108 €. Das Angebot B ist also günstiger.

11
a) Das Haus müsste 35 Stockwerke haben.
b) Der Regensburger Dom müsste etwa 46-mal übereinandergesetzt werden.

13
a) Die Entfernung 90 cm ist möglich, da alle vorkommenden Längen durch diese Länge teilbar sind. Die Längen 130 cm und 1,20 m = 120 cm sind nicht möglich, da z. B. die Länge 4,50 m = 450 cm nicht durch diese Längen teilbar ist.
b) Die Anzahl der Zaunabschnitte beträgt 25 200 cm : 90 cm = 280. Es werden also 281 Pfähle benötigt.
c) Die Länge des Zaunes beträgt 25,2 m. Hierfür reichen die beiden Rollen mit insgesamt 26 m Maschendraht aus.

14
Die erste Faustregel liefert etwas kürzere Entfernungswerte als die zweite. Beispiel: Bei einem Zeitabstand von 9 Sekunden zwischen Blitz und Donner erhält man mit der ersten Regel die Entfernung 2700 m = 2,7 km, mit der zweiten die Entfernung 3 km.
Die erste Regel rechnet mit einer Schallgeschwindigkeit von 300 m/s, die zweite mit etwa 333 m/s. Die tatsächliche Schallgeschwindigkeit in Luft beträgt 343 m/s bei 20 °C und immer noch 331 m/s bei 0 °C. Die zweite Regel (Sekundenzahl durch 3 dividieren) ist also genauer.

Grundbegriffe der Geometrie

Gerade Linien und ihre Lagebeziehungen

103 Entdecken

1 Zeichenübung. Hilfsmittel: z. B. Lineal, Geodreieck.

2 Auf einem Sportplatz wird mithilfe einer Maschine eine weiße Linie gezeichnet. Der Platzwart hat eine Schnur gespannt, damit die Linie gerade wird.

3 a) Faltübung. Die beiden Faltlinien liegen zueinander senkrecht.
b) Faltübung. Die zweite und dritte Faltlinie liegen zueinander parallel.

4 individuelle Lösungen

5 a) Der kürzeste Weg ist senkrecht zur Fahrtrichtung.
b) Partnerarbeit
c) Die Linien mit dem kürzesten Abstand sind zueinander parallel.

105 Üben und anwenden

1 Nur die Linie g ist eine Gerade. Strecken sind (von links nach rechts) die Linien $\overline{AB}$, $\overline{BC}$, $\overline{MN}$, $\overline{CD}$, die vier Seiten des Quadrats ($\overline{AB}$, $\overline{BC}$, $\overline{CD}$, $\overline{DA}$) und die Linie $\overline{KL}$.

2 individuelle Lösungen

3 individuelle Lösungen

4 $\overline{AB}$, $\overline{AC}$, $\overline{AD}$, $\overline{AE}$, $\overline{BC}$, $\overline{BE}$, $\overline{CD}$, $\overline{DE}$

5 individuelle Lösungen

6 a) Es entstehen drei Strecken.
b) Es entstehen sechs Strecken (auch dann, wenn drei oder alle vier Punkte auf einer Geraden liegen sollten).

106

2 Faltübung

3 individuelle Lösungen

4 9 Strecken und 5 Geraden sind zu sehen.

5 individuelle Lösungen

6 a) Bei fünf Punkten entstehen 10 Strecken, bei sechs Punkten 15 Strecken. Die Anordnung der Punkte ist dabei beliebig, sie müssen nur alle voneinander verschieden sein.

106

6 *(Fortsetzung)*
b) Bei sieben Punkten entstehen 21 Strecken, bei 8 Punkten 28 Strecken, bei n Punkten $(n^2 - n) : 2$ oder $n \cdot (n - 1) : 2$ Strecken. Wird die Anzahl der Punkte von n auf $n + 1$ erhöht, kommen n neue Strecken hinzu.

6 *(Fortsetzung)*
c) Es ist nicht möglich, drei verschiedene Punkte so anzuordnen, dass nur eine Strecke entsteht. Auch dann, wenn die drei Punkte auf einer Geraden liegen, entstehen drei Strecken.

7 a) Achtecke (ganzes Schild und Buchstabe T)
b) Rechteck (ganzes Schild), Parallelogramme (weiße Streifen und blauer Streifen dazwischen), Trapeze (blaue Vierecke oben und unten)
c) Rechtecke (ganzes Schild, weiße Fläche, rote Fläche), Achteck (weiße und rote Fläche zusammen)
d) gleichseitige Dreiecke (ganzes Schild und Innenfläche ohne roten Rand), stumpfwinkliges Dreieck (grau), spitzwinkliges Dreieck (weiß)

8 Quadrate sind in der mittleren Etage die beiden gelben Flächen und die am weitesten rechts liegende rote Fläche, in der unteren Etage die linke rote Fläche. Alle anderen farbigen Flächen und die Fenster selbst sind Rechtecke.

8 Individuelle Lösungen. Es ist zu beachten, dass die Flächen durch die gewählte Perspektive verzerrt dargestellt sind.

Nachgedacht

Die Längen von Strecken können gemessen werden, vorausgesetzt, es steht ein passendes Messgerät zur Verfügung. Die Längen von Geraden können nicht gemessen werden, denn Geraden sind immer unendlich lang.

Werkzeug: Parallele Linien erkennen und zeichnen

107 Üben und anwenden

1 Die Geraden f, g, h und i sind alle zueinander parallel. Dies lässt sich mit dem Geodreieck oder durch Parallelverschiebung überprüfen.

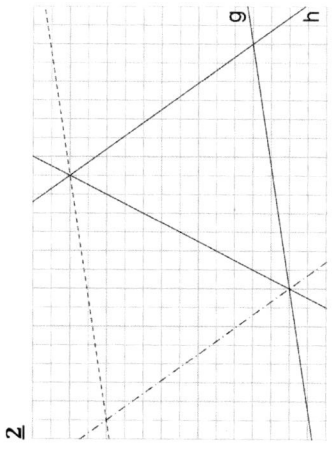

2

Werkzeug: Senkrechte Linien erkennen und zeichnen

108 Üben und anwenden

1
a) zueinander senkrecht
b) nicht zueinander senkrecht
c) nicht zueinander senkrecht
d) nicht zueinander senkrecht

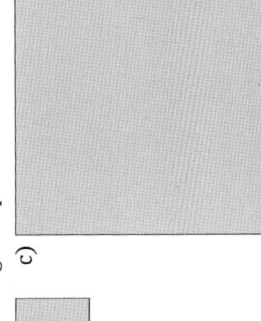

2

3
Individuelle Lösungen. Der Abstand lässt sich am besten messen, wenn man eine Senkrechte zu der Geraden durch den Punkt zeichnet.

109 9
a) $f_1 \parallel f_4$; $f_2 \parallel f_3$; $g_1 \parallel g_2$
b) $h_1 \perp i_3$; $h_2 \perp i_2$; $h_3 \perp i_1$

10
a) 1,1 cm
b) 2,2 cm
c) 1,2 cm
d) 0 cm

Punkt	A	B	C	D	E
Abstand von g	1,4	1,2	0	1,6	2,2
	cm	cm	cm	cm	cm

11
Zeichenübung

12
individuelle Lösungen

Zum Weiterarbeiten
Die Seiten des Vierecks sind gerade Linien. Dies lässt sich durch Anlegen eines Lineals oder Geodreiecks überprüfen.

110 13
① Eine Strecke $\overline{AB}$ der Länge a wird gezeichnet.
② Eine zu $\overline{AB}$ senkrechte Strecke $\overline{AD}$ der Länge b wird im Punkt A nach oben angetragen.
③ Eine zu $\overline{AB}$ senkrechte Strecke $\overline{BC}$ der Länge b wird im Punkt B nach oben angetragen.
④ Die Punkte C und D werden miteinander durch eine Strecke verbunden. Die Strecke $\overline{CD}$ hat die Länge a.

14
Zeichenübung

---

110 15
a) Zeichenübung. Die Bildfolge kann so wie in Aufgabe 13 gestaltet sein, nur mit dem Unterschied, dass die Strecken $\overline{AD}$ und $\overline{BC}$ genau so lang sind wie $\overline{AB}$. Die Längen aller vier Seiten sollten mit demselben Buchstaben (zum Beispiel a) bezeichnet sein.
b), c) individuelle Lösungen

16
Zeichenübung. Beispiele:
b) c)

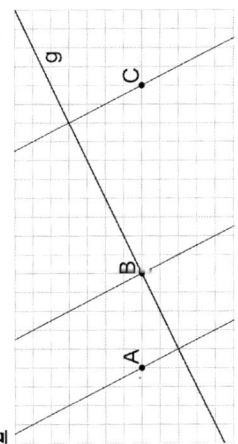

17
a) individuelle Beschreibungen
b) Zeichenübung

a) Es gibt jeweils mehrere Lösungen. Beispiele:
①

②

b) Zeichenübung

110 18

a), b)

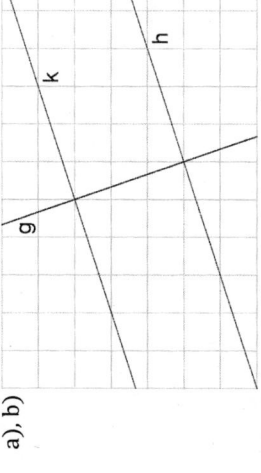

c) Die Gerade k verläuft zur Geraden h parallel.
d) Das ist immer so.

Zum Weiterarbeiten
individuelle Lösungen

Umfänge messen und berechnen

111 Entdecken

1
individuelle Lösungen

2
a) Zeichenübung
b), c) Partner- und Gruppenarbeit

3
Gesamtlänge der Leisten (geringfügige Abweichungen sind möglich):
① 11,8 cm ② 10,8 cm ③ 19,6 cm
④ 10,6 cm ⑤ 9,5 cm ⑥ 9,6 cm ⑦ 8,4 cm
a) Bei den Briefmarken sind manche Seiten gleich lang.
b) Bei den Briefmarken ① bis ⑥ stimmt die Behauptung, bei Briefmarke ⑦ nicht.
c) • Bei den rechteckigen Briefmarken ① und ③ genügt es, zwei benachbarte Seiten zu messen.
• Bei der quadratischen Briefmarke ② muss mindestens eine Seite gemessen werden. Es empfiehlt sich jedoch, noch eine zweite, benachbarte Seite zu messen, um herauszufinden, ob die Briefmarke wirklich quadratisch ist.
• Bei den Briefmarken ④ und ⑤, die die Form gleichschenkliger Dreiecke haben, genügt es, zwei Seiten (die Basis und einen Schenkel) zu messen.
• Bei der Briefmarke ⑥, die die Form eines gleichseitigen Dreiecks hat, genügt es, eine Seite zu messen. Um zu überprüfen, ob das Dreieck wirklich gleichseitig und nicht nur gleichschenklig ist, empfiehlt es sich jedoch, noch eine zweite Seite zu messen.
• Bei der Briefmarke ⑦ müssen alle drei Seiten gemessen werden.

111 4

a) Länge der orangefarbenen Linie:
$(2 + 1 + 2{,}5 + 1 + 1 + 3{,}5 + 7 + 1 + 3 + 1{,}5 + 1{,}5 + 1)$ cm = 26 cm
b) Partnerarbeit
c) individuelle Lösungen

113 Üben und anwenden

1
Umfänge der Flächen:
① 7,5 cm ② 10 cm ③ 9 cm ④ 14,5 cm ⑤ 6 cm
Bei der Rechteckfläche ② genügt es, zwei benachbarte Seiten zu messen.
Bei der Quadratfläche ⑤ muss mindestens eine Seite gemessen werden (und eventuell noch eine zweite, um zu prüfen, ob die Fläche wirklich quadratisch ist).
Bei den Flächen ①, ③ und ④ müssen alle Seiten gemessen werden.

2
a) $u = 14{,}4$ cm b) $u = 14$ cm
c) $u = 19$ cm

3
individuelle Lösungen

4
Zeichenübung
a) $u = 2 \cdot (4 \text{ cm} + 2 \text{ cm}) = 12$ cm
b) $u = 2 \cdot (4{,}5 \text{ cm} + 1{,}5 \text{ cm}) = 12$ cm
c) $u = 4 \cdot 3 \text{ cm} = 12$ cm (Quadrat)

5
Zeichenübung
a) $u = 160$ mm b) $u = 4$ dm
c) $u = 10$ cm d) $u = 3{,}6$ dm

Zum Weiterarbeiten
individuelle Lösungen

114 6

Fehlende Maße:
• waagerechte Seite rechts oben: 10 dm
• kurze senkrechte Seite oben: 3 dm
Umfang: $u = 100$ dm = 10 m

7
Wie lang wird der Zaun?
30 m + 55 m + 15 m + 25 m = 125 m
Der Zaun wird 125 m lang.

2
a) $u = 16{,}4$ cm b) $u = 14$ cm
c) $u = 18{,}4$ cm

3
individuelle Lösungen

4
Zeichenübung
a) $u = 2 \cdot (3 \text{ cm} + 5 \text{ cm}) = 16$ cm
b) $u = 2 \cdot (6 \text{ cm} + 2 \text{ cm}) = 16$ cm
c) $u = 2 \cdot (2 \text{ cm} + 6 \text{ cm}) = 16$ cm

5
Zeichenübung
a) $u = 19{,}6$ cm b) $u = 40$ cm
c) $u = 20$ cm d) $u = 0{,}4$ cm

6
Fehlende Maße:
• waagerechte Seite oben Mitte: 10 km
• kurze senkrechte Seite oben: 2 km
• lange senkrechte Seite links: 6 km
Umfang: $u = 50$ km

7
Wie viele Bäume werden benötigt?
Länge der Grundstücksgrenze ohne Hauswände und Zufahrt:
30 m + 55 m + 15 m + 25 m = 125 m

114

7 (Fortsetzung)

Anzahl der Bäume: 125 m : 5 m = 25

Es werden etwa 25 Bäume benötigt.

(Geringfügige Abweichungen sind möglich, da nicht genau vorgegeben ist, wie die Bepflanzung an den Ecken und an der Zufahrt des Grundstücks aussehen soll.)

8

a) $u = 68$ cm   b) $u = 5$ m

c) $u = 3$ km   d) $u = 12$ cm

9

a) Es ist ein Quadrat mit der Seitenlänge 36 cm : 4 = 9 cm zu zeichnen. Das Quadrat ist eindeutig bestimmt.

b) Es ist ein Rechteck zu zeichnen, bei dem die Summe aus Länge und Breite 8 cm beträgt. Hierfür gibt es mehrere Möglichkeiten (unendlich viele).

c) Es ist ein Rechteck zu zeichnen, bei dem die Summe aus Länge und Breite 9 cm beträgt. Da das Rechteck 5 cm lang sein soll, muss es 4 cm breit sein. Es ist eindeutig bestimmt.

10

Die Länge des Zaunes beträgt 234 m. Wenn jeweils zwei Stangen übereinander angeordnet werden sollen, werden mindestens 468 m Stangen benötigt. Bei drei Stangen übereinander sind es 702 m.

11

Alle drei Rechenwege sind korrekt.

Lukas addierte die vier Seitenlängen des Rechtecks einzeln. Das kann bei mehrstelligen Maßzahlen etwas umständlich sein.

Mirja verdoppelte zuerst Länge und Breite und addierte dann beide Ergebnisse. Das ist möglich, da Länge und Breite jeweils zweimal im Umfang vorkommen.

Thomas addierte zuerst Länge und Breite und erhielt so zunächst den halben Umfang. Um den ganzen Umfang zu erhalten, verdoppelte er die Summe. Dieser Rechenweg ist der kürzeste, da nur zwei Rechenoperationen (eine Addition und eine Multiplikation) auszuführen sind.

Die Gleichwertigkeit der Rechenwege von Mirja und Thomas ergibt sich aus dem Verteilungsgesetz: $2 \cdot a + 2 \cdot b = 2 \cdot (a + b)$.

Das Koordinatensystem

115 Entdecken

1

Delphinbucht: $D(2\,|\,1)$;   Blumenbeet: $B(6\,|\,2)$;   Quellen: $Q(7\,|\,6)$;   Schatz: $S(11\,|\,6)$

2

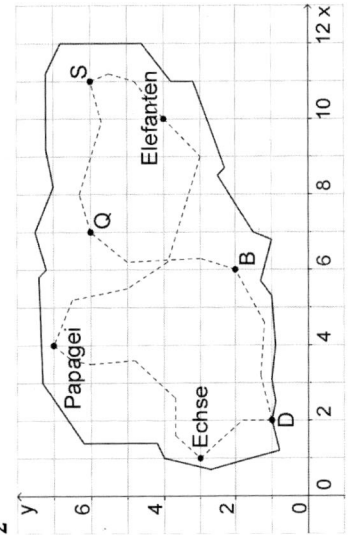

3

individuelle Lösungen

116 Üben und anwenden

1

a) $D(5\,|\,6)$ b) $B(2\,|\,3)$

c) $C(3\,|\,2)$ d) $A(0\,|\,6)$

e) $F(9\,|\,0)$ f) $E(7\,|\,2)$

2

$A(4\,|\,0)$; $B(10\,|\,0)$; $C(10\,|\,3)$; $D(7\,|\,4)$;

$E(4\,|\,3)$

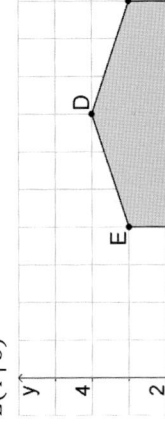

1

$A(3\,|\,2)$; $B(5\,|\,0)$; $C(6\,|\,0)$; $D(6\,|\,3)$;

$E(7\,|\,4)$; $O(0\,|\,0)$; $P(5\,|\,4)$; $Q(3\,|\,6)$;

$R(1,5\,|\,4)$; $S(0\,|\,5)$; $T(0\,|\,3)$

2

a)

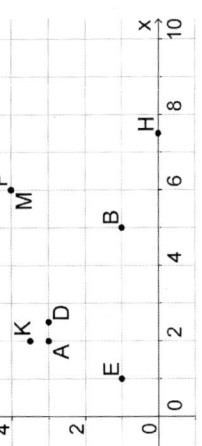
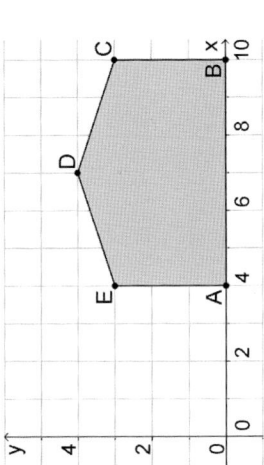

116

2 (Fortsetzung)

b) Der Punkt M hat die Koordinaten (6|4). Er fällt mit F zusammen.

3

a) Auf der x-Achse ist der Abstand zwischen 0 und 1 kleiner als der Abstand zwischen größeren aufeinanderfolgenden Zahlen. Das darf nicht sein.

b) Die Bezeichnungen der Koordinatenachsen wurden vertauscht.

c) Der Koordinatenursprung muss im Punkt (0|0) liegen, nicht im Punkt (1|1).

4

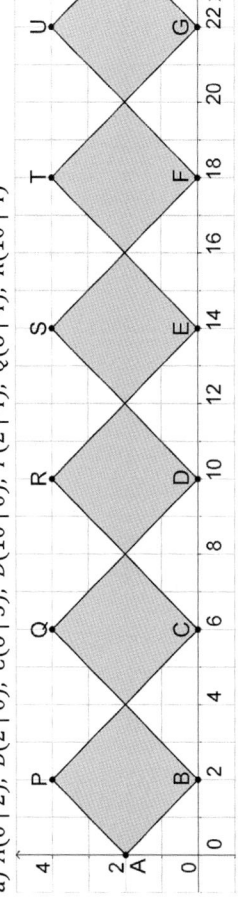

a)

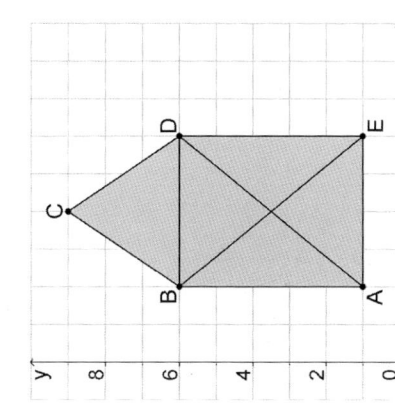

b)

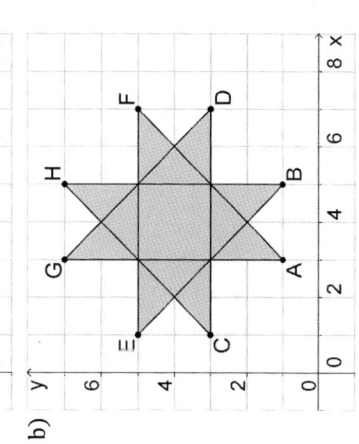

Zum Weiterarbeiten

individuelle Aufgaben und Lösungen

116 5

a) $A(0|2)$; $B(2|0)$; $C(6|3)$; $D(10|0)$; $P(2|4)$; $Q(6|4)$; $R(10|4)$

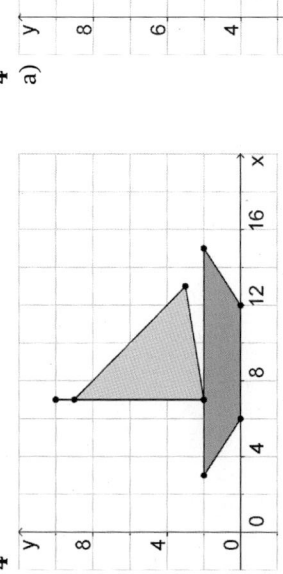

b) $E(14|0)$; $F(18|0)$; $G(22|0)$; …
$S(14|4)$; $T(18|4)$; $U(22|4)$; …

Sowohl bei den unteren als auch bei den oberen Punkten erhöht sich die x-Koordinate von einem Punkt zum nächsten jeweils um 4 und die y-Koordinate bleibt gleich.

c) individuelle Lösungen

Winkel erkennen und bezeichnen

117 Entdecken

1

Partnerarbeit

2

a) Es sind vier Winkel zu erkennen.

b) Einander gegenüberliegende Winkel (Scheitelwinkel) sind gleich groß. Einander benachbarte Winkel (Nebenwinkel) ergänzen sich zu einem gestreckten Winkel.

c) Damit vier gleich große Winkel entstehen, müssen die Faltlinien senkrecht zueinander stehen. Damit unterschiedlich große Winkel entstehen, dürfen die Faltlinien nicht senkrecht zueinander stehen.

3

Die Winkel ① und ④ sind genau so groß wie der Winkel an der Ecke des DIN-A4-Blattes. Der Winkel ② ist kleiner, die Winkel ③ und ⑤ sind größer.

4

a) Es entsteht ein spitzer Winkel.   b) Es entsteht ein gestreckter Winkel.

c) Es entsteht ein stumpfer Winkel.   d) Es entsteht ein überstumpfer Winkel.

119 Üben und anwenden

1

Partnerarbeit

2

Partnerarbeit

2

individuelle Lösungen

123 **Werkzeug: Dynamische Geometrie-Software**

1 + 2

individuelle Lösungen

3

a) Zeichenübung mit einem Geometrieprogramm

b)

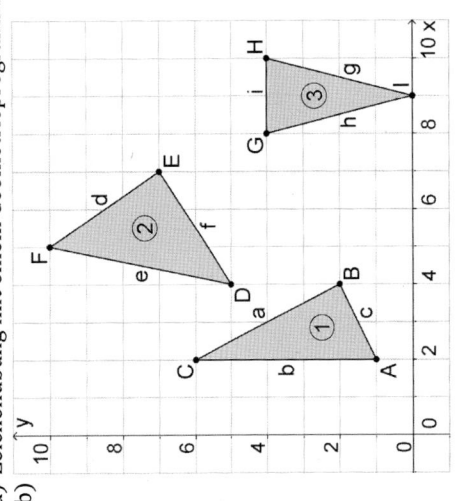

4

Nach dem Einzeichnen des Winkels wird dessen Größe im Algebra-Fenster angezeigt. Man kann die Größe aber auch in der Zeichnung anzeigen lassen, indem man im Fenster „Eigenschaften", das zu dem Winkel gehört, unter „Beschriftung anzeigen" angibt: „Wert" oder „Name & Wert".

126 **Vermischte Übungen**

1

a) Entfernungen in der Abbildung:
1. Weg: 2,6 cm + 9 cm = 11,6 cm;   2. Weg: 5 cm + 6,2 cm = 11,2 cm;
3. Weg: 3,2 cm + 3 cm + 5 cm = 11,2 cm;   4. Weg: 3 cm + 9 cm + 1,5 cm = 13,5 cm.
Der 2. und der 3. Weg sind die beiden kürzesten.

b) individuelle Lösungen

2

Faltübung

3

$\alpha = \beta$; $\alpha < \gamma$; $\alpha < \delta$; $\alpha > \varepsilon$; $\beta = \alpha$; $\beta < \gamma$; $\beta < \delta$; $\beta > \varepsilon$; $\gamma > \delta$; $\gamma > \alpha$; $\gamma > \beta$; $\gamma > \delta$; $\gamma > \varepsilon$;
$\delta > \alpha$; $\delta > \beta$; $\delta < \gamma$; $\delta > \varepsilon$; $\varepsilon < \alpha$; $\varepsilon < \beta$; $\varepsilon < \gamma$; $\varepsilon < \delta$

α, β, ε: spitze Winkel; γ: stumpfer Winkel; δ: rechter Winkel

---

119 **3**

α: rechter Winkel (die Schenkel stehen senkrecht aufeinander)

β: spitzer Winkel (kleiner als ein rechter Winkel)

γ: stumpfer Winkel (größer als ein rechter und kleiner als ein gestreckter Winkel)

δ: gestreckter Winkel (die Schenkel bilden eine Gerade)

$\alpha = 90°$; $\beta = 20°$; $\gamma = 120°$; $\delta = 180°$

4

$\alpha = 90°$ (rechter Winkel)
$\beta = 20°$ (spitzer Winkel; $\beta < \delta$)
$\gamma = 120°$ (stumpfer Winkel)
$\delta = 45°$ (spitzer Winkel; $\delta > \beta$)

5

45°, 17°, 89°: spitze Winkel; 138°, 179°, 91°: stumpfe Winkel; 90°: rechter Winkel; 180°: gestreckter Winkel

122 **6**

a) 90°

7

$\alpha = 90°$ (rechter Winkel)
$\beta = 35°$ (spitzer Winkel)
$\gamma = 160°$ (stumpfer Winkel)

8 + 9

Zeichenübungen

10

11

Zeichenübung

3

a) $\alpha = 59°$; $\beta = 42°$; $\gamma = 79°$ (spitze Winkel)

b) $\alpha = 69°$; $\beta = 73°$ (spitze Winkel);
$\gamma = 107°$; $\delta = 111°$ (stumpfe Winkel)

c) $\alpha = 32°$; $\gamma = 46°$ (spitze Winkel);
$\beta = 102°$ (stumpfer Winkel)

d) $\alpha = 81°$; $\beta = 53°$ (spitze Winkel);
$\gamma = 136°$ (stumpfer Winkel);
$\delta = 90°$ (rechter Winkel)

e) $\alpha = 52°$; $\gamma = 38°$ (spitze Winkel);
$\beta = 90°$ (rechter Winkel)

4

$\alpha = 49°$, $\delta = 35°$ (spitze Winkel)
$\beta = 90°$ (rechter Winkel; $\beta < \delta$)
$\gamma = 120°$ (stumpfer Winkel)
$\varepsilon = 180°$ (gestreckter Winkel)

b) 135°

7

$\alpha = 103°$, $\varepsilon = 125°$ (stumpfe Winkel)
$\beta = 90°$ (rechter Winkel)
$\gamma = 37°$, $\delta = 55°$ (spitze Winkel)

10

11

Zeichenübungen

127

7
a) $u = 2 \cdot (2{,}7\ \text{cm} + 2{,}2\ \text{cm}) = 9{,}8\ \text{cm}$
b) $u = 2\ \text{cm} + 1{,}5\ \text{cm} + 1{,}8\ \text{cm} = 5{,}3\ \text{cm}$

8
a) Zeichenübung
b) Der 30°- und der 90°-Winkel ergeben zusammen einen 120°-Winkel.

9
① $u = 52\ \text{dm} = 5{,}2\ \text{m}$ ② $u = 320\ \text{dm} = 32\ \text{m}$
a) – c) individuell

10
a) $\alpha = 180° - 54° = 126°$ b) $\alpha = 180° - 72° = 108°$

11
a) Julia muss ihr Kreuz im Feld A1 setzen.
b) Gemeinsamkeiten (Beispiele):
• Zum Auffinden eines Ortes werden zwei Koordinaten benötigt.
• Koordinatensystem und Spielfeld sind rechtwinklig.
Unterschiede (Beispiele):
• Im Koordinatensystem beschreibt ein Koordinatenpaar einen Punkt, im Spielfeld ein quadratisches Feld.
• Im Koordinatensystem sind beide Koordinaten Zahlen, beim Spielfeld werden Buchstaben als erste Koordinate verwendet.
• Im Koordinatensystem können Dezimalzahlen (z. B. 2,5) als Koordinaten vorkommen, im Spielfeld nicht.

7
a) $u = 2 \cdot (2\ \text{cm} + 1{,}4\ \text{cm}) = 6{,}8\ \text{cm}$
b) $u = 2 \cdot 2{,}4\ \text{cm} + 1{,}3\ \text{cm} = 6{,}1\ \text{cm}$

8
a), b) individuelle Lösungen
c) Die fünf Winkel müssen jeweils die Größe 24° haben.

9
③ $u = 11{,}4\ \text{dm} = 1{,}14\ \text{m}$

c) $\alpha = 180° - 135° = 45°$

11
a) individuelle Beschreibungen
b) Gemeinsamkeiten (Beispiele):
• Zum Auffinden eines Ortes werden zwei Koordinaten benötigt.
• Koordinatensystem und Stadtplan-Gitternetz sind rechtwinklig.
Unterschiede (Beispiele):
• Im Koordinatensystem beschreibt ein Koordinatenpaar einen Punkt, im Stadtplan ein Rechteck.
• Im Koordinatensystem sind beide Koordinaten Zahlen, im Stadtplan werden Buchstaben als erste Koordinate verwendet.
• Bei dem hier gezeigten Stadtplan wachsen die y-Koordinaten von oben nach unten, bei einem Koordinatensystem von unten nach oben.

12
a) 8°; 36°; 61°
b) Der optimale Abwurfwinkel beträgt 45°. Von den drei Winkeln kommt der Winkel 36° diesem Wert am nächsten. Deshalb wird dieser Speer am weitesten fliegen.
c) Beispiele: Kugelstoßen, Fußball (Winkel beim Schuss aufs Tor), Skispringen, Billard.

Grundbegriffe der Geometrie

126

4

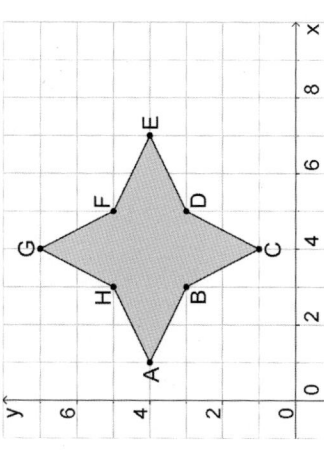

$A(1\,|\,4)$; $B(3\,|\,3)$; $C(4\,|\,1)$; $D(5\,|\,3)$;
$E(7\,|\,4)$; $F(5\,|\,5)$; $G(4\,|\,7)$; $H(3\,|\,5)$

5

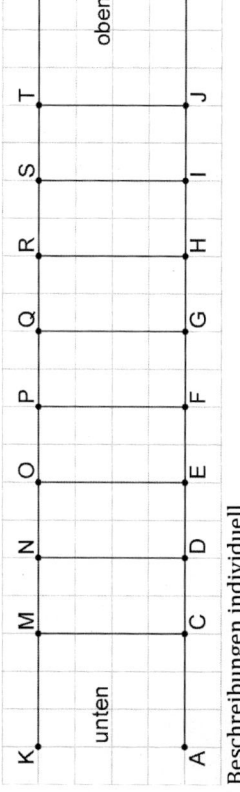

Beschreibungen individuell

6
a) $u = 20\ \text{cm} = 2\ \text{dm}$
b) $u = 70\ \text{mm} = 7\ \text{cm}$
c) $u = 114\ \text{dm} = 11{,}4\ \text{m}$
d) $u = 4200\ \text{m} = 4{,}2\ \text{km}$

4

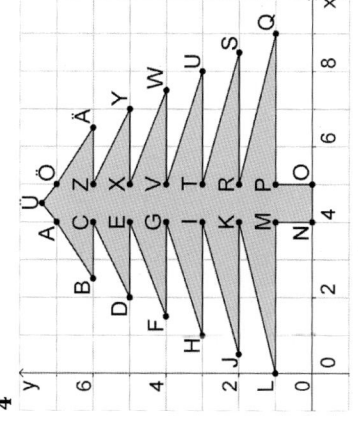

$A(4\,|\,7)$; $B(2{,}5\,|\,6)$; $C(4\,|\,6)$; $D(2\,|\,5)$;
$E(4\,|\,5)$; $F(1{,}5\,|\,4)$; $G(4\,|\,4)$; $H(1\,|\,3)$;
$I(4\,|\,3)$; $J(0{,}5\,|\,2)$; $K(4\,|\,2)$; $L(0\,|\,1)$;
$M(4\,|\,1)$; $N(4\,|\,0)$; $O(5\,|\,0)$; $P(5\,|\,1)$;
$Q(9\,|\,1)$; $R(5\,|\,2)$; $S(8{,}5\,|\,2)$; $T(5\,|\,3)$;
$U(8\,|\,3)$; $V(5\,|\,4)$; $W(7{,}5\,|\,4)$; $X(5\,|\,5)$;
$Y(7\,|\,5)$; $Z(5\,|\,6)$; $Ä(6{,}5\,|\,6)$; $Ö(5\,|\,7)$;
$Ü(4{,}5\,|\,7{,}4)$ (Beispiel)

6
a) $u = 20\ \text{cm} = 2\ \text{dm}$
b) $u = 230\ \text{dm} = 23\ \text{m}$
c) $u = 124\ \text{mm} = 12{,}4\ \text{cm} = 1{,}24\ \text{dm}$
d) $u = 5624\ \text{m} = 5{,}624\ \text{km}$

128 **13**

a) Das obere Muster findet sich ganz oben. Das untere Muster ist in dem Rauten-band unten enthalten, in der Abbildung ist aber nur die obere Hälfte dargestellt.

b) – d) Zeichen- und Bastelübung

14

Zeichenübung mit Beschreibung

Zum Weiterarbeiten

individuelle Lösungen

15

Zeichenübung mit Beschreibung

13

a), b) Zeichenübungen

14

Zeichenübung mit Beschreibung

15

Zeichenübung mit Beschreibung

Die ganzen Zahlen

Negative und positive Zahlen

133 Entdecken

1
a) Die Zahlen haben folgende Bedeutungen: Temperaturen in °C; Abweichungen in Stunden von der Mitteleuropäischen Zeit; der Sportler B. Miller war um 0,25 s schneller als der bisher Schnellste; Meerestiefen; Etagen in einem Gebäude, 0 bedeutet das Erdgeschoss und –1 das Unter- oder Kellergeschoss.
b) Gruppenarbeit

2
a) –3 °C   b) +11 °C   c) –9 °C   d) –2 °C   e) –1 °C
f) Mittwoch: Maximaltemperatur –3 °C; Minimaltemperatur –8 °C; heiter;
Donnerstag: Maximaltemperatur +1 °C; Minimaltemperatur –6 °C; Schneefall;
Freitag: Maximaltemperatur +3 °C; Minimaltemperatur –4 °C; bewölkt

3
Brettspiel

Nachgedacht
Geographie: z. B. Meerestiefen, Höhen unter Normalnull, Temperaturen im Frostbereich, Abnahme von Einwohnerzahlen, Verluste von Waldgebieten durch Abholzung.
Geschichte: z. B. Jahreszahlen vor Christus, Tiefe archäologischer Fundstätten, Schulden, Verluste von Menschenleben und Landflächen bei Kriegen.

135 Üben und anwenden

1
① +15 °C   ② –20 °C   ③ +40 °C   ④ 0 °C

2
a) Die Höhe ist 12 m unter Normalnull.
b) –3 Grad bedeutet 3 Grad tiefer als der Gefrierpunkt.
c) Die Mannschaft erhielt 96 Gegentore mehr, als sie selbst Tore schoss.
d) Die Stelle liegt 3,54 m unter Normalnull, also tiefer als der Meeresspiegel.
e) Beispiel: Wenn es in Berlin 12.00 Uhr mittags ist, ist es in New York erst 6.00 Uhr morgens.

3
am kältesten: –6 °C; am wärmsten: +4 °C

135

4
Der Wasserstand beträgt –30 cm, d. h. das Wasser steht 30 cm unter der Nullmarke.

5
Negative Zahlen auf dem Kassenbon bedeuten, dass der Kunde Geld zurück erhält.

6
a) –8; –7; –5; –1; 2,5
b) –6; –4; –3; 1; 2
c) –70; –50; –30; –20; 30

7
a) –1; 3
b) 0; 8; 10
c) –9; –5; –2

8
① Die Zahlengerade muss jeweils mindestens 14 cm lang sein.
② Die Null liegt bei a) 5 cm rechts von der –5, bei b) 2 cm links von der 2.
a) (Zahlengerade: –15 –10 –5 0 5 10)
b) (Zahlengerade: –15 –10 –5 0 5)
(Darstellung verkleinert)

9
+3 = 3. Obergeschoss
+2 = 2. Obergeschoss
+1 = 1. Obergeschoss
0 = Erdgeschoss
–1 = 1. Untergeschoss
–2 = 2. Untergeschoss

10
a) –2 < 6   b) 3 > –4
c) 0 > –8   d) –7 < 7
e) –7 < –6   f) –12 < –2

136

4
z. B. –1; –2; –3 oder U1; U2; U3
(U für Untergeschoss)

5
Die Höhe –86 m bedeutet 86 m unterhalb des Meeresspiegels.

6
a) –15; –12; –7; –4; 3
b) –70; –50; –35; –25; 15
c) –120; –90; –60; –30; 50

7
a) –4; –3; –2; –1
b) –100; –54; 25; 60; 80
c) –50; –30; –10; 15; 45

8
① Die Zahlengerade muss jeweils mindestens 16 cm lang sein.
② Die Null liegt bei a) 7 cm rechts von der –7, bei b) 3 cm links von der 3.
a) (Zahlengerade: –10 –7 –4 –1 3 5 9 10)
b) (Zahlengerade: –15 –13 –10 –9 –5 –1 0 1 3 5)
(Darstellung verkleinert)

9
–22 € < –6 € < –5,80 € < –2,50 € < –1 € < –0,5 € < 0 € < 3,20 € < 4,25 € < 6 € < 20 €

10
a) –6 < –5 < –4 < –3 < –1 < 0 < 9 < 13 < 17
b) –12 < –8 < –7 < –2 < 1 < 3 < 5 < 7 < 12
c) –8 < –7 < –2 = –2 < –1 < 3 < 5 < 7 < 12
d) –13 < –5 < –3 < –2 < 0 < 1 < 2 < 12 < 13

Zustandsänderungen

137 Entdecken

1
Brettspiel

2
a) ① Anfangszustand: Die Temperatur beträgt -3 °C.
Veränderung: Die Temperatur steigt um 7 Grad an.
Endzustand: Die Temperatur beträgt +4 °C.
② Anfangszustand: Die Temperatur beträgt +4 °C.
Veränderung: Die Temperatur fällt um 7 Grad.
Endzustand: Die Temperatur beträgt -3 °C.
b) ① Die Veränderung kann an einem Wintertag am Vormittag auftreten.
② Die Veränderung kann an einem Wintertag am Abend auftreten.
c) Zeichenübung   d) Partnerarbeit
e) Die Endzustände sind der Reihe nach: +5 °C; -5 °C; 0 °C; -4 °C.

139 Üben und anwenden

1
a) ②   b) ④   c) ①

Zum Weiterarbeiten

③ Katja steht auf der -3. Sie geht 3 Schritte nach rechts. Nun steht sie auf der +1.

2
Samuel bewegt sich am weitesten.
Klara steht am Ende am weitesten rechts.
a) Klara steht jetzt auf der +2.
b) Samuel steht jetzt auf der 0.
c) Timo steht jetzt auf der -1.

Mustafa steht anfangs am weitesten links.
Franco steht am Ende am weitesten links.
a) -3 + 5 = +2
b) +6 - 10 = -4
c) -8 + 11 = +3

3
Bei den Rechnungen +8 - 4, +7 - 2 und -33 - 17 bewegt man sich nach links, da eine positive Zahl subtrahiert wird. Bei den Rechnungen -7 + 2, -4 + 8 und -59 + 19 bewegt man sich nach rechts, da eine positive Zahl addiert wird.

4
a) +5 °C   b) -5 °C   c) +10 °C   d) -12 °C   e) +2 °C   f) +4 °C

5
a) 0 + 5 = +5   b) 0 - 5 = -5
c) +3 + 7 = +10   d) -5 - 7 = -12
e) -5 + 7 = +2   f) +4 - 4 = 0
(Zustandsänderung im Fettdruck)

139
6
a) -1 + 4 = +3   b) -1 - 3 = -4
c) Rechenzeichen im Fettdruck

140 7
individuelle Geschichten, Zeichenübung

8
-2 °C; 1 °C; -9 °C; 10 °C

9
Zeichenübung
a) Peter steigt im 2. Untergeschoss aus.
b) Melanie steigt im 3. Untergeschoss aus.

10
a) -5 + 20 = +15
Die Temperatur steigt auf +15 °C.
b) -2 + 10 = +8
Sami steigt im 8. Obergeschoss aus.
c) (0 - 5) + (7 - 0) = -5 + 7 = +2
Die Tordifferenz beträgt am Ende +2.

11
Laura warf 21 m weit, Aylin 20 m, Sven 17 m und Anna 16 m.

141 12
a) Beim Kontostand bedeutet eine negative Zahl Schulden und eine positive Zahl ein Guthaben. Bei den Geldbewegungen bedeuten negative Zahlen Auszahlungen und positive Zahlen Einzahlungen.
b) Partnerarbeit
c) Auf dem Konto sind jetzt 250 €.

13
a) Nach der Einzahlung des Gehalts ist ein Guthaben von 1750 € auf dem Konto.
b) Nach Bezahlen seiner Schulden hat Herr Groß noch 1680 €.

14
a) -5; -2; +1; +4; +7; +10; +13; ...
b) +5; +3; +1; -1; -3; -5; -7; ...

6
a) -4 + 7 = +3   b) +1 - 5 = -4
c) Rechenzeichen im Fettdruck

7
individuelle Geschichten, Zeichenübung
a) 8 €   b) 5 Tore   c) -50 m

8
2 °C; 13 °C; 1 °C; -2 °C

9
Zeichenübung
Emir steigt im 3. Obergeschoss aus.

10
a) -12 - 15 = -27
Die Temperatur fällt auf -27 °C.
b) -3 + 5 + 3 = +2 + 3 = +5
Ben steigt im 5. Obergeschoss aus.
c) (2 - 3) + (0 - 2) + (5 - 0)
= -1 - 2 + 5 = -3 + 5 = +2
Die Tordifferenz beträgt am Ende +2.

11
individuelle Aufgaben und Lösungen

12

Kontostand alt	Einzahlung (+) Auszahlung (-)	neuer Kontostand
-700 €	+2000 €	1300 €
1300 €	-100 €	1200 €
1200 €	-900 €	300 €
300 €	-50 €	250 €

13
a) Wie hoch war anfangs der Kontostand? Zu Beginn betrug der Kontostand 49 €.
b) Wie hoch ist der Kontostand am Ende? Am Ende beträgt der Kontostand -18 €.

14
a) +5; +2; -1; -4; -7; -10; ...
b) +5; +2; 0; -3; -5; -8; -11; ...

141 Bunt gemischt

1

m	dm	cm	mm
1,2	12	120	1200
1,5	15	150	1500
2	20	200	2000
0,03	0,3	3	30

2

a	9 cm	8 cm	7 cm	6 cm
b	1 cm	2 cm	3 cm	4 cm
u	20 cm	20 cm	20 cm	20 cm

Alle Rechtecke haben den gleichen Umfang.

3

a) 1,249 km = 1249 m; 2,029 km = 2029 m   b) 2340 m = 2,34 km; 1290 m = 1,29 km

c) 5,9 km = 5900 m; 5,09 km = 5090 m

4

a) Es werden 26 m Fußbodenleisten benötigt.

b) Die Fußleisten kosten 77,74 €.

Strategie:
Informationen aus Texten und Schaubildern entnehmen

143 Üben und anwenden

1

a)

Vorzeichen +	Vorzeichen -	Rechenzeichen +	Rechenzeichen -
Guthaben	Schulden	einzahlen	kälter
über 0 °C		höher	tiefer
		hinzufügen	abziehen
			subtrahieren
			fallen

b)

Vorzeichen +	Vorzeichen -	Rechenzeichen +	Rechenzeichen -
Guthaben	Schulden	einzahlen	**auszahlen**
über 0 °C	**unter 0 °C**	**wärmer**	kälter
		höher	tiefer
		hinzufügen	abziehen
		addieren	subtrahieren
		wachsen	fallen

Rechenzeichen +	Rechenzeichen -
steigen	sinken
zunehmen	abnehmen
erwärmen	abkühlen
später	früher
hinauf	hinunter

143 **1** (Fortsetzung)

c)

Vorzeichen +	Vorzeichen -
über dem Meeresspiegel	unter dem Meeresspiegel
positiv	negativ
Wärme	Frost
n. Chr.	v. Chr.
Obergeschoss	Untergeschoss

2

① gegeben: um 5 Uhr -10 °C; bis 12 Uhr Anstieg um 5 °C

gesucht: Temperatur um 12 Uhr

Um 12 Uhr betrug die Temperatur -5 °C.

② gegeben: Start = 4. Stock; Ziel = 2. Untergeschoss

gesucht: Länge der Fahrt

Tim fuhr sechs Stockwerke nach unten.

a) ① Das Datum 15. Januar wird nicht gebraucht. Außerdem wird die Zeitangabe nicht benötigt, die Angabe „frühmorgens" hätte auch ausgereicht.

② Die Information, dass im 2. Stock Maria einsteigt, ist nicht von Belang.

b) Zeichenübung   c) Partnerarbeit

3

Die Bergstation der Masada-Seilbahn liegt 33 m über dem Meeresspiegel.

Rechnung: -257 m $+ 290$ m $= 33$ m

4

In zehn Jahren wird das Tote Meer etwa 437 m unter dem Meeresspiegel liegen.

Rechnung: -427 m $- 10 \cdot 1$ m $= -427$ m $- 10$ m $= -437$ m

a) Alle drei Ergebnisse sind falsch.

Celina hat von 427 m statt von -427 m ausgehend gerechnet.

Meret hat nur 1 m statt 10 m subtrahiert.

David hat addiert statt subtrahiert.

b) Gruppenarbeit

5

Lösungsweg von Peter:

• Höhe der Bergstation: -257 m $+ 290$ m $= 33$ m

• Höhenunterschied zwischen Totem Meer und Bergstation: 427 m $+ 33$ m $= 460$ m

Lösungsweg von Asifa:

• Höhenunterschied zwischen Totem Meer und Talstation:

-427 m $+ x = -257$ m; $x = 170$ m

• Höhenunterschied zwischen Totem Meer und Bergstation: 170 m $+ 290$ m $= 460$ m

Beide Lösungswege sind möglich und liefern dasselbe Ergebnis.

6

individuelle Aufgaben und Lösungen

146 Vermischte Übungen

1
a) 2 °C   b) −1 °C
c) −4 °C   d) 0 °C

2
$A = -100$; $B = 150$; $C = 75$;
$D = -25$; $E = -250$; $F = -375$

3
a) $-15 < -8 < -6 < -5 < 0 < 1 < 2 < 7 < 20$
b) $-12 < -9 < -4 < -2 < 3 < 6 < 7 < 9 < 11$
c) $-10 < -9 < -5 < -4 < 7 < 8 < 12 < 13$

4
a) −1 liegt näher an −3.
b) 0 liegt in der Mitte zwischen −5 und +5.
c) +2 liegt näher an +3.
d) −2 liegt näher an −3.

5
a) Bei der gewählten Einteilung müsste die Zahlengerade mindestens 9,5 m lang gezeichnet werden, um alle Zahlen darstellen zu können. Mesut sollte eine andere Einteilung wählen, z. B. 1 cm entspricht 100 Längeneinheiten.
b) *(Zahlengerade: −500; −400; −300; −200; −150; −100; 0; 100; 200; 300; 400; 450; 500)*

6
a) *(Zahlengeraden: −500; −300; −100; 0; 200; 400 und −400; −200; 0; 400)*
b) *(Zahlengeraden: −30; −20; −10; 0; 10; 20; 50; 60 und −20; 0; 20; 40; 60)*

Rechte Seite:

1
a) 4 °C   b) −2 °C
c) −8 °C   d) 0 °C
Die Temperaturen könnten z. B. an einem Wintertag mittags und abends und am nächsten Tag frühmorgens und mittags gemessen worden sein.

2
$A = -3080$; $B = -3040$; $C = -3000$;
$D = -2990$; $E = -2950$; $F = -2920$;
$G = -2870$

3
a) $-6 < -5 < -4 < -3 < -1 < 0 < 9 < 13 < 17$
b) $-12 < -8 < -7 < -2 < 0 < 3 < 5 < 7 < 12$
c) $-4 < -2 < -1 < 3 < 5 < 7 < 10 < 13$
d) $-330 < -303 < -33 < -3 < 30 < 303$

4
a) 3   b) 1
c) 0   d) −2
e) −6   f) −1

6
a) *(Zahlengeraden: −25; −15; 5 und −30; −20; 0; 20; 40; 45 und −45; −25; −10; 40 und −45; −40; −20; 40; 450; 500)*
b) *(Zahlengeraden: −33; −27; −18; 3; 9; 10 und −30; −20; −10; 0; 20)*
c) *(Zahlengeraden: −56; −48; 16; 24; 40 und −40; −20; 0; 20; 40)*

Antworten (Lösungen)

146

7
a) $2 - 8 = -6$ statt $2 + 8 = 10$. Da es kälter wird, muss subtrahiert werden.
b) $-5 + 3 = -2$; dies kann auch geschrieben werden als $3 - 5 = -2$.
c) $-1 + 3 = 2$ statt $1 + 3 = 4$. Die Tiefgarage ist die Etage −1.

8
a) $4 + 7 = 11$; Anfangszustand: 4 °C; Veränderung: +7°C; Endzustand: 11 °C;
b) $1 + 12 = 13$; Anfangszustand: 1 °C; Veränderung: +12°C; Endzustand: 13°C;
c) $-3 + 8 = 5$; Anfangszustand: −3 °C; Veränderung: +8°C; Endzustand: 5 °C

9
a) 11; 8; 5; 2; −1; −4; … (jeweils Abnahme um 3)
b) 9; 8; 6; 3; −1; −6; … (Abnahme um 1; 2; 3; 4; 5; …) oder
9; 8; 6; 2; −6; −22; … (Abnahme um 1; 2; 4; 8; 16; …)
c) −13; −9; −5; −1; 3; 7; … (jeweils Zunahme um 4)
d) −8; −7; −5; −2; 2; 7; … (Zunahme um 1; 2; 3; 4; 5; …) oder
−8; −7; −5; −1; 7; 23; … (Zunahme um 1; 2; 4; 8; 16; …)
e) 12; 9; 8; 5; 4; 1; 0; … (Abnahme um 3; 1; 3; 1; …)
f) 1; 2; −2; −1; −5; −4; −8; −7; … (abwechselnd Zunahme um 1 und Abnahme um 4)

10
a) Das Endergebnis ist immer um 3 kleiner als die Startzahl. Mit Startzahlen größer als 3 erhält man also ein positives Endergebnis, mit Startzahlen kleiner als 3 ein negatives. Da es jeweils unendlich viele Startzahlen sind, können sie nicht alle aufgezählt werden. Beschränkt man sich auf ganze Startzahlen, so können sie zumindest als Zahlenfolgen angegeben werden: 4; 5; 6; 7; … für ein positives Endergebnis; 2; 1; 0; −1; … für ein negatives Endergebnis.
b) Da das Endergebnis immer um 3 kleiner als die Startzahl ist, ist es nicht möglich, eine Startzahl für das Endergebnis −12 anzugeben, die zwischen −5 und 5 liegt. Die einzige mögliche Startzahl wäre −9, diese Zahl liegt aber außerhalb des zulässigen Bereichs.

11
individuell

147

8
a) $-6 + 3 = -3$
Die Temperatur beträgt jetzt −3 °C.
b) $-12 + 14 = 2$
Die Temperatur beträgt jetzt 2 °C.
c) $-5 + 17 = 12$
Die Temperatur beträgt jetzt 12 °C.

9
a) 15; 10; 5; 0; −5; −10; −15; −20; … (jeweils Abnahme um 5)
b) 12; 9; 6; 3; 0; −3; −6; −9; … (jeweils Abnahme um 3)
c) 14; 10; 6; 2; −2; −6; −10; … (jeweils Abnahme um 4)
d) −12; −20; −27; −33; −38; −42; −45; … (Abnahme um 8; 7; 6; 5; …)

11
individuell

147

12

Monat	Temperatur	Monat	Temperatur
Januar	–14 °C	Juli	13 °C
Februar	–13 °C	August	11 °C
März	–8 °C	September	6 °C
April	–3 °C	Oktober	–1 °C
Mai	4 °C	November	–7 °C
Juni	10 °C	Dezember	–13 °C

12

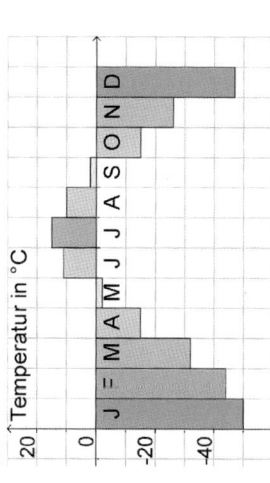

148

13

Tier	abgelesene Tiefe	Veränderung	neue Tiefe	Rechenaufgabe
Delfin	–100 m	150 m ⇩	–250 m	–100 m + 150 m = –250 m
Seehund	–100 m	50 m ⇧	–50 m	–100 m + 50 m = –50 m
Kaiserpinguin	–250 m	170 m ⇧	–80 m	–250 m + 170 m = –80 m
Riesenkalmar	–800 m	250 m ⇩	–550 m	–800 m + 250 m = –550 m
Pottwal	–1500 m	1050 m ⇧	–450 m	–1500 m + 1050 m = –450 m

14

a) Hat die Höhenangabe das Vorzeichen „+", befand sich der Hai oberhalb des Bootes.
Hat die Höhenangabe das Vorzeichen „–", befand sich der Hai unterhalb des Bootes.

b)

U-Boot	grün	gelb	rot	rot
Uhrzeit	11:00 Uhr	12:00 Uhr	14:30 Uhr	17:00 Uhr
Tauchtiefe des Bootes	–360 m	–1240 m	–920 m	–920 m
Tauchtiefe des Hais (gerundet)	–550 m	–1180 m	–750 m	–1030 m

c)

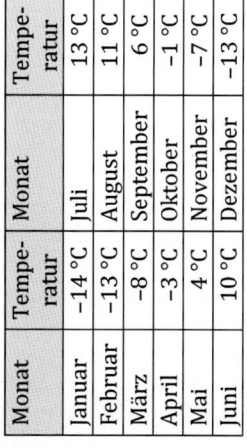

Flächeninhalte – Rechtecke

Flächeninhalte vergleichen

153 Entdecken

1 Zeichenübung

2 + 3 Übungen zum Auslegen von Flächen
Beschreibungen individuell

4 Gruppenarbeit

5
a) Kreis: $\approx 7\ \text{cm}^2$
Rechteck: $4\ \text{cm} \cdot 2{,}5\ \text{cm} = 10\ \text{cm}^2$ oder $40\ \text{mm} \cdot 25\ \text{mm} = 1000\ \text{mm}^2 = 10\ \text{cm}^2$
Fünfeck: $40\ \text{mm} \cdot 12\ \text{mm} - 6\ \text{mm} \cdot 6\ \text{mm} = 480\ \text{mm}^2 - 36\ \text{mm}^2 = 454\ \text{mm}^2 = 4{,}54\ \text{cm}^2$
Beschreibungen individuell
b) Bei der Kreisfläche werden die Flächenangaben weniger genau, da sich diese nicht so gut mit Quadratflächen auslegen lässt. Hingegen lassen sich die Größen der Rechteck- und der Fünfeckfläche leicht auf Quadratmillimeter genau ermitteln.

6
a) Julia zerlegt die Figuren in Teilflächen (ein Rechteck, ein Quadrat und ein Dreieck) und vergleicht diese miteinander. Die Figur ② lässt sich wie folgt zerlegen:

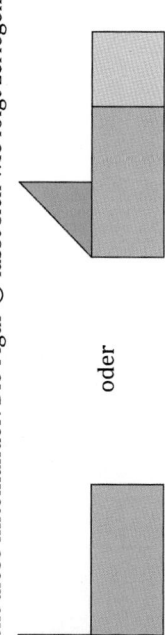

oder

b) Die beiden Figuren lassen sich durch bloßes Umverlegen (Verschieben) ihrer Teilflächen ineinander überführen und müssen folglich flächengleich sein.

155 Üben und anwenden

1

①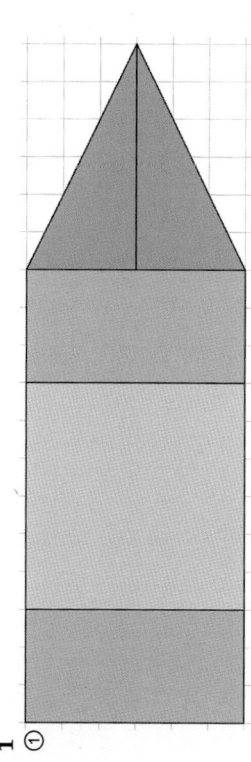

155 1 *(Fortsetzung)*

② 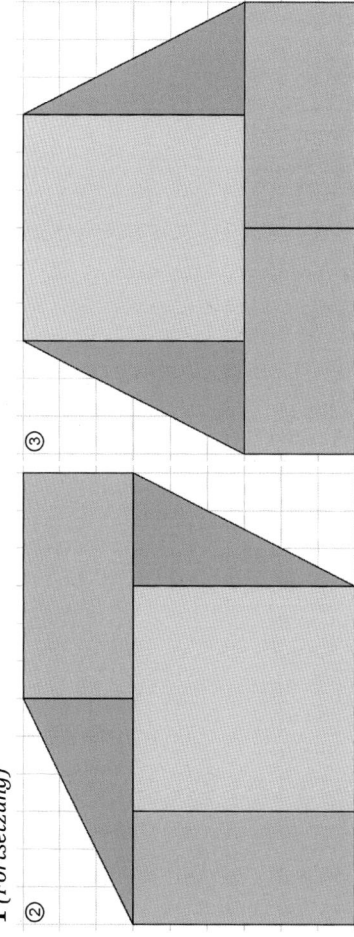   ③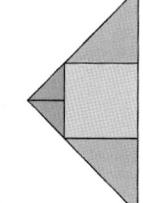

2
a) Es gibt unterschiedliche Anordnungen der Rechtecke, aber zum Auslegen werden bei ① immer sechs Rechtecke und bei ② stets fünf Rechtecke der Größe 4 cm x 2 cm benötigt.
b) Partnerarbeit
c) Für das Auslegen von Flächen sind Quadrate, Rechtecke und rechtwinklige Dreiecke am besten geeignet, da sie sich gut ohne Lücken aneinander legen lassen.

3
Alle drei Flächen lassen sich jeweils mit fünf Quadraten der Seitenlänge 5 mm auslegen und sind folglich flächengleich.

3
Die Fläche ① ist kleiner als die Fläche ②; die Flächen ② und ③ sind gleich groß.
Begründung: Die Fläche ① lässt sich mit vier Quadraten der Seitenlänge 5 mm auslegen. Zum Auslegen der Flächen ② und ③ werden jeweils fünf solcher Quadrate benötigt, wobei für die Fläche ③ eines dieser Quadrate noch in zwei Rechtecke der Größe 5 mm x 2,5 mm zu zerschneiden ist.

4
a) Teebeutel: $\approx 26\ \text{cm}^2$; Etikett: $\approx 8\ \text{cm}^2$
b) individuelle Lösungen
c) Für das Pfefferminzblatt ist ein Raster mit 5 mm oder 1 mm Abstand der Gitterlinien geeignet. Ein Raster mit 1 cm Gitterabstand würde eine zu grobe Schätzung ergeben.

5
② = ③ < ④ < ①
Begründung durch Zerlegungen: Fläche ② lässt sich zerlegen in zwei Quadrate der Seitenlänge 1 cm und ein Quadrat der Seitenlänge 0,5 cm. Fläche ④ ist zerlegbar in drei Quadrate der Seitenlänge 1 cm und Fläche ① in vier solche Quadrate. Fläche ③ lässt sich zerlegen wie in der Abbildung; die beiden Dreiecke oben lassen sich zu einem Quadrat der Seitenlänge 0,5 cm zusammensetzen.

155

5 *(Fortsetzung)*

Die beiden Dreiecke an den Seiten ergeben zusammen ein Quadrat der Seitenlänge 1 cm.
Begründung durch Auslegen (Beispiel): Fläche ② lässt sich mit neun Quadraten der Seitenlänge 0,5 cm auslegen, Fläche ④ mit zwölf und Fläche ① mit sechzehn solchen Quadraten. Fläche ③ lässt sich auslegen mit sechs Quadraten der Seitenlänge 0,5 cm und sechs gleichschenklig-rechtwinkligen Dreiecken, deren kürzere Seiten 0,5 cm lang sind. Letztere lassen sich zusammenlegen zu drei Quadraten der Seitenlänge 0,5 cm, so dass sich eine Gesamtfläche von neun solchen Quadraten ergibt wie bei Fläche ②.

156 Zum Weiterarbeiten

Postkarte: dm² oder cm²; DIN-A4-Heft: dm² oder cm²; Poster: m² oder dm²;
Briefmarke: cm² oder mm²; Toastbrotscheibe: dm² oder cm²; Handy-Display: cm²

Nachgedacht

Etwa neun Kinder werden auf einen Quadratmeter passen.

6

a) 5 cm² 40 mm² = 540 mm²
b) 3 cm² 36 mm² = 336 mm²
c) 2 cm² 56 mm² = 256 mm²
d) 6 cm² 8 mm² = 608 mm²
e) 1 cm² 5 mm² = 105 mm²
e) < c) < b) < a) < d)

7

	m² Z	m² E	dm² Z	dm² E	cm² Z	cm² E	mm² Z	mm² E
a)	1	5	0	0	0	0	0	0
b)					7	0	0	0
c)			9	8	0	0	0	0
d)				6	0	0	0	0

a) 15 m² = 1500 dm² = 150 000 cm² = 15 000 000 mm²
b) 70 cm² = 7000 mm²
c) 98 dm² = 9800 cm² = 980 000 mm²
d) 600 cm² = 60 000 mm²

	m² Z	m² E	dm² Z	dm² E	cm² Z	cm² E	mm² Z	mm² E
a)		5	0	0				
b)			5	0	0	0		
c)					2	5	0	0
d)			6	0	0	0		

a) 5 m² = 500 dm²
b) 50 dm² = 5000 cm²
c) 25 cm² = 2500 mm²
d) 60 dm² = 6000 cm²

156

8

a) ① 700 mm² = 7 cm²
② 2600 mm² = 26 cm²
③ 2 dm² = 200 cm²
④ 534 dm² = 53 400 cm²

b) ① 900 cm² = 9 dm²
② 1200 cm² = 12 dm²
③ 9 m² = 900 dm²
④ 55 m² = 5500 dm²

9

a)

	m² Z	m² E	dm² Z	dm² E	cm² Z	cm² E	mm² Z	mm² E
①		7	0	0	0	0		
②	1	2	0	0	0	0	0	0
③				4	0	0	0	0
④	2	5	0	0	0	0		

b) Partnerarbeit

c) Ja, das ist möglich. Von m² in cm² und von dm² in mm² beträgt der Umrechnungsfaktor 100 · 100 = 10 000 (also 1 m² = 10 000 cm²; 1 dm² = 10 000 mm²). Von m² in mm² beträgt der Umrechnungsfaktor 100 · 100 · 100 = 1 000 000 (also 1 m² = 1 000 000 mm²).

10

Ratte: 300 cm² = 3 dm²
erwachsener Mensch: 2 m² = 200 dm²
Elefant: 1120 dm²
Eine Ratte ist wesentlich kleiner als ein erwachsener Mensch und dieser wiederum ist wesentlich kleiner als ein Elefant. Folglich werden auch die Hautoberflächen in dieser Reihenfolge geordnet sein.

8

a) 3000 dm² = 300 000 cm²
b) 5500 dm² = 550 000 cm²
c) 400 m² = 40 000 dm² = 4 a
d) 3500 m² = 350 000 dm² = 35 a
e) 987 dm² = 98 700 cm² = 9,87 m²
f) 5995 dm² = 599 500 cm² = 59,95 m²
g) 4004 m² = 400 400 dm² = 40,04 a
h) 9090 m² = 909 000 dm² = 90,9 a

7 m² = 700 dm² = 70 000 cm²

12 m² = 1200 dm² = 120 000 cm²
= 12 000 000 mm²

40 000 mm² = 400 cm² = 4 dm²

250 000 cm² = 2500 dm² = 25 m²

10

a) 1 200 000 mm² = 12 000 cm²
= 120 dm² = 1,2 m²
Diese Fläche ist etwa so groß wie eine Schultafel mit 1,2 m Länge und 1 m Höhe, also für ein Toastbrot viel zu groß. Die Aussage ist also falsch.

b) 154 000 cm² = 1540 dm² = 15,4 m²
Diese Fläche kann für ein Kinderzimmer zutreffen (Größe z. B. 5 m · 3,08 m).

c) 300 000 000 mm² = 300 m²
Diese Fläche kann für einen Garten zutreffen (Größe z. B. 20 m · 15 m).

Flächeninhalte berechnen

157 Entdecken

1

① 3,5 cm²   ② 6 cm²   ③ 6 cm²

2

a) ① 16 cm²   ② 16 cm²

b) Bei der Figur ① entstehen 4 Streifen mit je 4 Einheitsquadraten. Bei der Figur ② entstehen beim Auslegen 2 Streifen mit je 8 Einheitsquadraten, bei der nes Rechtecks erhalten, indem man die Anzahl der Streifen mit der Anzahl der Einheitsquadrate je Streifen multipliziert. Dies entspricht einer Multiplikation von Länge und Breite des Rechtecks, jeweils in cm.

c) ① 8 cm² (4 · 2 = 8)   ② 4 cm² (2 · 2 = 4)   ③ 4,5 cm² (3 · 1,5 = 4,5)

3

a), b)

Länge	Breite	Anzahl der Steine	Flächeninhalt in cm²
1	36	36	1 · 36 = 36
2	18	36	2 · 18 = 36
3	12	36	3 · 12 = 36
4	9	36	4 · 9 = 36
6	6	36	6 · 6 = 36
9	4	36	9 · 4 = 36
12	3	36	12 · 3 = 36
18	2	36	18 · 2 = 36
36	1	36	36 · 1 = 36

c) individuelle Beschreibungen

159 Üben und anwenden

1

a) A = 5 · 6 cm² = 30 cm²
b) A = 7 · 2 cm² = 14 cm²
c) A = 5 · 9 cm² = 45 cm²
d) A = 2 · 3,5 cm² = 7 cm²

1

a) ① A = 5 · 4 cm² = 20 cm²
  ② A = 10 · 2 cm² = 20 cm²
  ③ A = 10 · 4 cm² = 40 cm²
  ④ A = 5 · 2 cm² = 10 cm²
  Erklärung vgl. S. 157, Aufgabe 2

b) Die Flächen ① bis ④ können mit Einheitsquadraten der Seitenlänge 1 cm ausgelegt werden.
  ⑤ Diese Fläche lässt sich mit Einheitsquadraten der Seitenlänge 1 dm auslegen. A = 2 · 3 dm² = 6 dm²
  ⑥ Für diese Fläche eignen sich Einheitsquadrate der Seitenlänge 1 mm.
  20 · 32 mm² = 640 mm² = 6,4 cm²

159

2

a) A = 56 cm²   b) A = 162 dm²
c) A = 315 mm²   d) A = 95 m²
e) A = 35 cm²

3

a) A = 96 dm²   b) A = 5928 m²
c) A = 576 mm²   d) A = 24 cm²
e) A = 12 m²   f) A = 1980 m²

2

a) A = 117 cm²   b) A = 364 mm²
c) A = 66,5 dm² d) A = 33,75 m²
e) A = 1690 mm² = 16,9 cm²

3

a) A = 250 m²   b) A = 250 m²
c) A = 800 m²   d) A = 1,552 m²
e) A = 48 mm²   f) A = 176 m²

Nachgedacht

Ein Punkt kann, wenn keine Einheiten angegeben werden, leicht mit einem Komma verwechselt werden oder auch durch Verunreinigungen des Werkstücks an Stellen erzeugt werden, wo er nicht hingehört.

4

	Seitenlänge	Flächeninhalt
a)	9 cm	81 cm²
b)	15 mm	2 cm² 25 mm²
c)	5 dm	250 000 mm²
d)	2 m	400 dm²
e)	12 mm	1 cm² 44 mm²
f)	2 dm 2 cm	484 cm²
	4 cm	16 cm²

160

4

Seitenlänge	Flächeninhalt
3 cm	9 cm²
6 cm	36 cm²
7 cm	49 cm²
8 cm	**64 cm²**
12 cm	144 cm²
13 cm	**169 cm²**
18 cm	324 cm²
19 cm	**361 cm²**
25 cm	625 cm²
11 cm	121 cm²

5

individuelle Lösungen

6

A = 162 m²

7

a) Der Flächeninhalt beträgt 36 m².
b) Der Fußboden kostet 864 €.

8

a) Die Figur ist ein Sechseck, das aus einem Quadrat der Seitenlänge 3 cm und einem Rechteck mit der Länge 3 cm und der Breite 2 cm zusammengesetzt ist.

b) Merve berechnete die Flächeninhalte der beiden Teilflächen und addierte diese anschließend.

c) Die gestrichelte Linie kann auch waagerecht so eingezeichnet werden, dass oben ein Rechteck mit der Länge 3 cm und der Breite 1 cm von der Figur abgetrennt wird. Unten verbleibt dann ein Rechteck mit der Länge 6 cm und der Breite 2 cm. Flächeninhalt der Gesamtfigur: A = 6 · 2 cm² + 3 · 1 cm² = 12 cm² + 3 cm² = 15 cm²

6

A = 8250 m² = 82 500 000 cm²

7

a) Der Flächeninhalt beträgt 30,25 m².
b) Die Fliesen kosten 605 €.

160 9

$A = 6 \cdot 2\,cm^2 + 3 \cdot 1\,cm^2 + 6 \cdot 1\,cm^2$
$A = 12\,cm^2 + 3\,cm^2 + 6\,cm^2 = 21\,cm^2$

9

$A = 1 \cdot 1\,cm^2 + 3 \cdot 3\,cm^2 + 3 \cdot 4\,cm^2$
$A = 1\,cm^2 + 9\,cm^2 + 12\,cm^2 = 22\,cm^2$

Zum Weiterarbeiten

Auch bei anderen Zerlegungen muss sich immer der Flächeninhalt 21 cm² (linke Figur) bzw. 22 cm² (rechte Figur) ergeben.

161 Strategie: Begründen in der Mathematik

1

• „Das war schon immer so!"
Diese Begründung ist nicht stichhaltig. Auf einer ganz frühen Entwicklungsstufe hatten die Menschen sicher noch keine Vorstellung von den Begriffen Quadrat und Rechteck.

• „Hat meine Lehrerin gesagt!"
Schülerinnen und Schüler sollten sich zwar auf die Aussagen ihrer Lehrerin verlassen können, trotzdem ist das Argument in Diskussionen auf höherem fachlichem Niveau nicht überzeugend. Statt sich auf Autoritäten zu berufen, wäre es besser, den Sachverhalt selbst zu untersuchen: Welche Definitionen für Quadrat und Rechteck sind in der Mathematik allgemein üblich? Ergibt sich aus diesen Definitionen, dass ein Quadrat ein Rechteck ist, oder nicht?
Die erste der beiden Fragen erfordert eigentlich eine umfangreiche Literaturrecherche. Auf die Schnelle bleibt den Schülern hier allerdings doch nichts weiter übrig, als sich auf die in der Schule gelernten oder im Schulbuch abgedruckten Definitionen zu verlassen. Ganz einfach ist die Sache also nicht.
Die zweite Frage allerdings können die Schüler mit etwas Geschick selbst untersuchen.

• „Das Quadrat ist ein Rechteck, weil man ein Rechteck mit vier gleich langen Seiten Quadrat nennt. Es ist also ein spezielles Rechteck."
Diese Begründung ist sehr überzeugend, da sie am Sachverhalt darauf hin, dass er sich auf eine Festlegung beruft, die nach seiner Kenntnis in der Mathematik allgemein üblich ist.

• „Da ich Quadrat und Rechteck ähnlich zeichne, ist das Quadrat ein Rechteck."
Diese Begründung ist für sich allein zu ungenau und bedarf noch weiterer Präzisierung, indem z. B. auf Seiten und Winkel, auf Eigenschaften der Figuren oder auf den Vorgang des Zeichnens genauer eingegangen wird.

• „Das sieht man doch!"
Diese Aussage bedarf ebenfalls weiterer Präzisierung. Um die Behauptung zu „sehen", bedarf es gewisser Vorstellungen darüber, was ein Rechteck und was ein Quadrat ist. Diese stillschweigend vorausgesetzten Annahmen müssten genauer beschrieben werden.

• „Ich glaube, das Quadrat ist gar kein Rechteck, so habe ich es zumindest im Internet gelesen!"
Ohne Quellenangabe ist diese Aussage nicht überprüfbar und somit nicht überzeugend. Im Internet kursieren täglich Unmengen von Falschmeldungen.

164 Vermischte Übungen

1

② < ④ < ⑤ < ③ < ⑥ < ① (1 cm² < 1,5 cm² < 2 cm² < 2,25 cm² < 3 cm² < 4 cm²)

2

a) A = 250 mm²   b) A = 350 mm²
c) A = 40 mm²   d) A = 110 mm²
e) A = 100 mm²

2

a) A = 125 mm²; B = 150 mm²; B > A
b) A = 143 mm²; B = 150 mm²; B > A

3

a) dm² oder cm²   b) m²
c) m²   d) cm² oder mm²

3

individuelle Lösungen

4

a) 5-Euro-Schein: 40 · 20,5 mm² = 820 mm² = 8,2 cm² (Millimeterquadrate auszählen)
50-Cent-Münze: ≈ 1 cm² (Die über das Zentimeterquadrat hinausragenden Flächenteile der Münze sind ungefähr so groß wie die weißen Flächen des Quadrats.)
5-Cent-Münze: ≈ 79 mm² (Millimeterquadrate zählen, Abweichungen sind möglich.)
1-Cent-Münze: ≈ 50 mm² (Millimeterquadrate zählen, Abweichungen sind möglich.)
b) Die Fläche des 5-Euro-Scheins ist sehr genau angegeben. Die Flächenangaben für die Münzen sind hingegen eher ungenau, da viele Millimeterquadrate nur teilweise zur Fläche gehören und folglich beim Auszählen eine Vergrößerung stattfindet.
c) Mögliche Ideen:
• Einen großen Kreis in einem Quadrat auf Millimeterpapier zeichnen und bei diesem das Verhältnis von Kreis- und Quadratflächeninhalt durch Auszählen bestimmen. Mithilfe des gefundenen Verhältnisses können dann die kleineren Kreisflächen berechnet werden.
• Aus einer Formelsammlung die Formel für den Kreisflächeninhalt heraussuchen und verwenden.

Nachgedacht

5-Euro-Schein: Länge 12 cm; Breite 6,2 cm; Flächeninhalt 74,4 cm²
50-Cent-Münze: Durchmesser ≈ 24 mm; Flächeninhalt ≈ 450 mm²
5-Cent-Münze: Durchmesser ≈ 21 mm; Flächeninhalt ≈ 350 mm²
1-Cent-Münze: Durchmesser ≈ 16 mm; Flächeninhalt ≈ 200 mm²

5

a) 1 cm² < 1000 mm²   (1 cm² < 10 cm²)
b) 1 dm² = 100 cm²   (1 dm² = 1 dm²)
c) 2 cm² < 5000 mm²   (2 cm² < 50 cm²)
d) 0,1 dm² = 1000 mm² (10 cm² = 10 cm²)

5

a) 1 cm² < 100 cm² < 10 dm²
b) 10 000 cm² < 5 m² < 600 dm²
c) 1340 cm² < 15 m² < 1520 dm²
d) 260 mm² < 26 cm² < 260 dm²

6

a) 75 cm²; 81 cm²; 87 cm²; 93 cm²; 99 cm²; 1 dm² 5 cm²; 1 dm² 11 cm²; ...
b) 15 cm²; 30 dm²; 45 dm²; 60 dm²; 75 dm²; 90 dm²; 1 m² 5 dm²; 1 m² 20 dm²; ...
c) 69 mm²; 79 mm²; 89 mm²; 99 mm²; 1 cm² 9 mm²; 1 cm² 19 mm²; 1 cm² 29 mm²; ...
d) 2 cm²; 4 cm²; 8 cm²; 16 cm²; 32 cm²; 64 cm²; 1 dm² 28 cm²; 2 dm² 56 cm²; ...

15
individuelle Lösungen

16
a) $A = 165\ \text{m}^2$ b) $b = 52\ \text{m}$
c) $A = 8836\ \text{dm}^2$ d) $b = 171\ \text{m}$

164 6 (Fortsetzung)
e) $21\ \text{dm}^2$; $42\ \text{dm}^2$; $63\ \text{dm}^2$; $84\ \text{dm}^2$; $1\ \text{m}^2\ 5\ \text{dm}^2$; $1\ \text{m}^2\ 26\ \text{dm}^2$; $1\ \text{m}^2\ 47\ \text{dm}^2$; …
f) $80\ \text{mm}^2$; $85\ \text{mm}^2$; $90\ \text{mm}^2$; $95\ \text{mm}^2$; $1\ \text{cm}^2$; $1\ \text{cm}^2\ 5\ \text{mm}^2$; $1\ \text{cm}^2\ 10\ \text{mm}^2$; …

165 7
individuelle Beschreibungen

8
①,② Zeichenübungen
a) ① $A = 144\ \text{cm}^2$ ② $A = 42\ \text{cm}^2$
b) Die Begründung kann z. B. durch Einteilen der Figuren in Zentimeterquadrate erfolgen. Damit erhält man:
① $A = 12 \cdot 12\ \text{cm}^2 = 144\ \text{cm}^2$
② $A = 7 \cdot 6\ \text{cm}^2 = 42\ \text{cm}^2$
c) Claudia braucht sich nur die Formel $A = a \cdot b$ für das Rechteck zu merken, da das Quadrat ein besonderes Rechteck (mit Länge = Breite, also $a = b$) ist.

9
a) $A = 42\ \text{cm}^2$ b) $A = 45\ \text{cm}^2$
c) $A = 2240\ \text{mm}^2$ d) $A = 2580\ \text{mm}^2$
e) $A = 484\ \text{m}^2$

10
Es müssen 8800 m² Rasenfläche gemäht werden.

11
Der Klassenraum hat 80 m² Fläche. Bei 32 Kindern stehen jedem Kind damit 2,5 m² Fläche zur Verfügung. Die Vorschrift ist also erfüllt.

12
Zeichenübung. Es sind unterschiedliche Einteilungen möglich. Der Flächeninhalt beträgt jedoch immer 40 cm².

13
Der Flächeninhalt des Bades beträgt 100 000 cm² = 10 m². Für diese Fläche werden mindestens 160 Fliesen benötigt.

14
Das vorliegende Mathematikbuch hat 104 verwendbare Seiten mit einer Fläche von etwa 26 · 18,5 cm² = 481 cm² pro Seite, das sind insgesamt 50 024 cm² ≈ 5 m² Papier. Diese Fläche reicht nicht aus, um die Wände eines Klassenzimmers zu tapezieren.

---

166 15
individuelle Lösungen

16
a) $A = 18\ \text{m}^2$ b) $b = 17\ \text{m}$
c) $A = 30\ \text{mm}^2$ d) $b = 8\ \text{dm}$

17
a) Bei Wandfliesen wird zur Berechnung der nötigen Anzahl der Flächeninhalt benötigt. Der Umfang kann aber auch von Bedeutung sein: Subtrahiert man vom Gesamtumfang aller Fliesen den Umfang der gefliesten Fläche und teilt die Differenz durch 2, so erhält man, falls die gefliesten Fläche rechteckig ist, die Gesamtlänge aller Fugen zwischen den Fliesen. Diese ist Grundlage für die Berechnung der Menge des benötigten Fugenkitts.

b) Zur Berechnung der Gesamtlänge der für den Bilderrahmen benötigten Leisten wird der äußere Umfang des Rahmens gebraucht. Zur Ermittlung des Materialbedarfs für die Rückseite und eine eventuelle Verglasung wird hingegen der Flächeninhalt benötigt.

c) Zur Berechnung der Größe einer Wohnung werden die Flächeninhalte der einzelnen Räume addiert, wobei z. B. Balkonflächen und Flächen unter Dachschrägen nur teilweise in die Berechnung einfließen. Der Umfang der Wohnung spielt hierbei keine Rolle. Wenn jedoch in einem Raum z. B. Fußleisten angebracht werden sollen, so wird für die Berechnung der Gesamtlänge dessen Umfang benötigt (abzüglich der Gesamtbreite aller vorhandenen Türen).

d) Bei einer Pferdekoppel ist die Gesamtlänge des Zaunes gleich dem Umfang. Soll jedoch berechnet werden, wie viel Platz die Pferde haben, wird der Flächeninhalt benötigt.

e) Die Länge des benötigten Flatterbandes ist gleich dem Umfang der Baustelle.

18
Vorhandene Fehler:
a) Die gegebenen Längen wurden nicht auf eine einheitliche Einheit umgerechnet.
b) Statt des Flächeninhalts wurde der Umfang berechnet.
c) Das Ergebnis wurde falsch in dm² umgerechnet.
Korrektur für alle drei Teilaufgaben: $A = 25 \cdot 30\ \text{cm}^2 = 750\ \text{cm}^2 = 7,5\ \text{dm}^2$
oder (in Klasse 5 schwieriger) $A = 3 \cdot 2,5\ \text{dm}^2 = 7,5\ \text{dm}^2 = 750\ \text{cm}^2$

19
a) $A = 9\ \text{cm}^2$; $u = 13\ \text{cm}$
b) $A = 5041\ \text{cm}^2$; $u = 284\ \text{cm}$

19
a) $A = 4040\ \text{cm}^2$; $u = 444\ \text{cm} = 4,44\ \text{m}$
b) $A = 21\,025\ \text{mm}^2$; $u = 5,8\ \text{dm}$

20
a) Die Auslauffläche beträgt 16,5 m². Auf dieser Fläche haben maximal 7 · 16,5 = 115,5 ≈ 115 Hühner Platz. Die Fläche ist also ausreichend.
b) Die Bäuerin muss 16,6 m Maschendrahtzaun kaufen.

21
$A = 248 \cdot 322\ \text{cm}^2 + 52 \cdot 98\ \text{cm}^2$
$A = 79\,856\ \text{cm}^2 + 5096\ \text{cm}^2$
$A = 84\,952\ \text{cm}^2$

21
$A = 294 \cdot 160\ \text{mm}^2 + 2 \cdot 96 \cdot 108\ \text{mm}^2$
$A = 47\,040\ \text{mm}^2 + 20\,736\ \text{mm}^2$
$A = 67\,776\ \text{mm}^2$

166

22

a) $A = 6 \cdot 2\ cm^2 + 4 \cdot 1\ cm^2 + 4 \cdot 1\ cm^2 + 1 \cdot 1\ cm^2 = 21\ cm^2$ oder

$A = 2 \cdot 2\ cm^2 + 4 \cdot 3\ cm^2 + 4 \cdot 1\ cm^2 + 1 \cdot 1\ cm^2 = 21\ cm^2$ oder

$A = 5 \cdot 2\ cm^2 + 3 \cdot 1\ cm^2 + 4 \cdot 1\ cm^2 + 1 \cdot 4\ cm^2 = 21\ cm^2$

$A = 6 \cdot 4\ cm^2 - 2 \cdot 1\ cm^2 - 1 \cdot 1\ cm^2 = 21\ cm^2$

b) individuell

167

23

a) $A = 256 \cdot 106\ mm^2 + 2 \cdot 76 \cdot 92\ mm^2$

$A = 27\,136\ mm^2 + 13\,984\ mm^2$

$A = 41\,120\ mm^2$

$A = 256 \cdot 198\ mm^2 - 104 \cdot 92\ mm^2$

$A = 50\,688\ mm^2 - 9568\ mm^2$

$A = 41\,120\ mm^2$

b) $A = 2 \cdot 75 \cdot 20\ cm^2 + 2 \cdot 20 \cdot 35\ cm^2$

$A = 3000\ cm^2 + 1400\ cm^2 = 4400\ cm^2$

$A = 75 \cdot 75\ cm^2 - 35 \cdot 35\ cm^2$

$A = 5625\ cm^2 - 1225\ cm^2 = 4400\ cm^2$

23

$A = 15 \cdot 5\ mm^2 + 2 \cdot 20 \cdot 10\ mm^2$

$A = 75\ mm^2 + 400\ mm^2 = 475\ mm^2$ oder

$A = 35 \cdot 20\ mm^2 - 5 \cdot 10\ mm^2$

$\qquad - 10 \cdot 10\ mm^2 - 15 \cdot 5\ mm^2$

$A = 700\ mm^2 - 50\ mm^2$

$\qquad - 100\ mm^2 - 75\ mm^2$

$A = 475\ mm^2$ oder

$A = 20 \cdot 10\ mm^2 + 35 \cdot 10\ mm^2$

$\qquad - 15 \cdot 5\ mm^2$

$A = 550\ mm^2 - 75\ mm^2 = 475\ mm^2$

24

a) $A_1 = 210 \cdot 100\ cm^2 - 50 \cdot 50\ cm^2$

$A_1 = 21\,000\ cm^2 - 2500\ cm^2$

$A_1 = 18\,500\ cm^2 = 185\ dm^2$

b) $A_2 = 50 \cdot 50\ cm^2 = 2500\ cm^2 = 25\ dm^2$

c) $A_3 = 210 \cdot 100\ cm^2$

$A_3 = 21\,000\ cm^2 = 210\ dm^2$

24

Die verbleibende Gartenfläche A ist gleich der Differenz aus der Gesamtfläche des Gartens und der Fläche des Schwimmbeckens:

$A = 18 \cdot 13\ m^2 - 6,5 \cdot 4\ m^2$

$A = 234\ m^2 - 26\ m^2 = 208\ m^2$

25

① Diese Behauptung ist wahr, denn ein Quadrat ist ein spezielles Rechteck (bei dem alle Seiten gleich lang sind).

② Diese Behauptung ist falsch, denn ein Rechteck mit ungleich langen Seiten ist kein Quadrat.

26

① Diese Behauptung ist wahr: $A_1 = a \cdot b$; $A_2 = a \cdot 2 \cdot b = 2 \cdot a \cdot b = 2 \cdot A_1$

② Diese Behauptung ist falsch: $A_1 = a \cdot b$; $A_2 = 2 \cdot a \cdot 3 \cdot b = 6 \cdot a \cdot b = 6 \cdot A_1 > 5 \cdot A_1$

Der Flächeninhalt versechsfacht sich.

③ Diese Behauptung ist falsch: $A_1 = a \cdot a$; $A_2 = 2 \cdot a \cdot 2 \cdot a = 4 \cdot a \cdot a = 4 \cdot A_1 > 2 \cdot A_1$

Der Flächeninhalt vervierfacht sich.

27

Beide Figuren lassen sich in Teilflächen zerlegen, deren Flächeninhalte zusammen jeweils 7 cm² ergeben:

① $A_1 = 2 \cdot 3\ cm^2 + 2 \cdot 0,5\ cm^2 = 7\ cm^2$

② $A_2 = 2\ cm^2 + 0,5\ cm^2 + 3\ cm^2 + 0,5\ cm^2$

$\qquad + 1\ cm^2 = 7\ cm^2$

27

Lena hat recht. Nicos Behauptung lässt sich durch ein Gegenbeispiel widerlegen: Setzt man aus zwei gleichseitigen Dreiecken ein Viereck zusammen, so ist dessen kürzere Diagonale genau so lang wie jede Vierecksseite, also nicht länger.

168

28

a) Herr Bender braucht die Länge und die Breite des Zimmers und muss daraus den Flächeninhalt berechnen.

b) Flächeninhalt der Decke: $A = 6 \cdot 4\ m^2 = 24\ m^2$

c) Mit einem 10-kg-Eimer Farbe können 40 m² Fläche gestrichen werden. Der Eimer reicht also für den Anstrich der Decke aus.

29

a) Zur Berechnung der Länge der Fußleisten müssen vom Umfang des Zimmers die Breiten aller Türen subtrahiert werden:

$2 \cdot (6\ m + 4\ m) - 2 \cdot 0,90\ m = 20\ m - 1,80\ m = 18,20\ m$

b) Herr Bender muss 10 Fußleisten kaufen. Diese kosten $10 \cdot 13,60\ € = 136,00\ €$.

30

a) Die beiden Wände haben eine Gesamtlänge von 10 m. Hierfür benötigt Frau Bender 20 Bahnen Tapete.

b) Von jeder Rolle können vier Bahnen geschnitten werden, wobei jeweils 85 cm übrig bleiben. Bei einfarbiger Tapete reichen also fünf Rollen aus. Bei großflächig gemusterten Tapeten sollten jedoch sicherheitshalber sechs Rollen gekauft werden, denn hier kann es sein, dass der Verschnitt pro Rolle mehr als 85 cm beträgt.

31

Wenn man die Breite der Fensterrahmen vernachlässigt, erhält man als Flächeninhalt des Fensters $250 \cdot 120\ cm^2 = 30\,000\ cm^2 = 3\ m^2$. Diese Glasfläche kostet $3 \cdot 55\ € = 165\ €$.

Nimmt man jedoch an, dass die Fensterrahmen z. B. jeweils 10 cm breit sind, und bezieht man diese Größe in die Berechnung mit ein, dann erhält man eine Glasfläche von $210 \cdot 100\ cm^2 = 21\,000\ cm^2 = 2,1\ m^2$. Diese Fläche kostet $2,1 \cdot 55\ € = 115,50\ €$.

32

a) Die gesamte zu streichende Fläche beträgt:

$2 \cdot 18\ cm \cdot (200\ cm + 200\ cm + 90\ cm) = 36\ cm \cdot 490\ cm = 17\,640\ cm^2 = 1,764\ m^2$.

b) Die von Herrn Bender gekaufte Farbe reicht aus, allerdings wird weniger als ein Sechstel der Menge verbraucht. Im Baumarkt gibt es meist auch kleinere Dosen zu 500 ml. Herr Bender hätte auch eine solche Packung nehmen können.

33

a) Ja, das ist möglich:

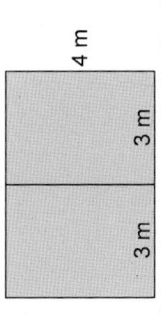

3 m · 3 m · 4 m

b) Der Teppichrest $(9 \cdot 3\ m^2 = 27\ m^2)$ kostet $27 \cdot 13,80\ € = 372,60\ €$; der Verschnitt $(1 \cdot 3\ m^2 = 3\ m^2)$ kostet $3 \cdot 13,80\ € = 41,40\ €$.

Zum Weiterarbeiten

individuelle Aufgaben und Lösungen

Gleichungen und Formeln

Gleichungen und Variablen

173 Entdecken

1

a), b)

Übernachtungen	Rechnung	Gesamtpreis
1	1 · 42	42 €
2	2 · 42	84 €
3	3 · 42	126 €
4	4 · 42	168 €
5	5 · 42	210 €
6	6 · 42	252 €
7	7 · 42	294 €
8	8 · 42	336 €
9	9 · 42	378 €
10	10 · 42	420 €
14	14 · 42	588 €
21	21 · 42	882 €

c) Der Gesamtpreis kann mit dem Rechenausdruck ■ · 42 berechnet werden. Das Zeichen ■ steht hierbei für die Anzahl der Übernachtungen. Diese wird mit 42 multipliziert.

d) ■ · 42 + 30

e) ■ · 42 + 30 = 240; ■ · 42 = 210; ■ = 5
Die Familie hat 5 Übernachtungen gebucht, denn 5 · 42 + 30 = 210 + 30 = 240.

2

a) • „Eine Katze wird doppelt so alt wie der Luchs."
Diese Aussage ist wahr, denn es ist 2 · 10 = 20.

• „Der Luchs ist doppelt so schwer wie der Dachs."
Diese Aussage ist falsch. Wäre der Luchs doppelt so schwer wie der Dachs, dann müsste er 2 · 25 kg = 50 kg wiegen.

• „Wildschweine sind fünfmal so groß wie Feldhasen."
Diese Aussage ist wahr, denn es ist 5 · 15 cm = 75 cm.

• „Der Dachs wird viermal so alt wie der Feldhase."
Diese Aussage ist falsch. Andernfalls würde der Dachs 4 · 4 = 16 Jahre alt werden.

b) individuelle Aufgaben und Lösungen

Zum Weiterarbeiten
individuelle Lösungen

3

a) – c) individuelle Lösungen; Beispiele:
a) **200 + 400 = 600**   b) **11 · 50** = 550   c) **80 – 10 = 50 + 20**
d) Die einzige mögliche Lösung ist 89 – **12** = 77.

---

173 4

a) – c) individuelle Lösungen

d) Es werden zwei Stäbe der Länge 4 cm (gelb) und zwei Stäbe der Länge 2 cm (rot) benötigt. Andere Möglichkeiten gibt es mit den vorhandenen Stäben nicht.

e) Die anderen drei Stäbe müssen zusammen 12 cm lang sein. Hierfür gibt es folgende Möglichkeiten:
① drei gelbe Stäbe (3 · 4 cm = 12 cm);
② zwei weitere blaue und ein roter Stab (2 · 5 cm + 2 cm = 12 cm);
③ ein grüner, ein gelber und ein roter Stab (6 cm + 4 cm + 2 cm = 12 cm).

175 Üben und anwenden

1

Es ist 8 · 12 – 58 = 96 – 58 = 38. Die Lehrerin ist also 38 und nicht 35 Jahre alt.

Zum Weiterarbeiten
individuelle Aufgaben und Lösungen

2

a) 90 + 85 = 175
Susanne bezahlt 1,75 €.
b) 2 · 40 = 80
Benjamin bezahlt 80 Cent.
c) 2 · 45 + 40 = 90 + 40 = 130
Caro bezahlt 1,30 €.
d) 90 + 85 + 2 · 40 = 175 + 80 = 255
Anna bezahlt 2,55 €.

2

a) 12 · 45 + 9 · 50 = 540 + 450 = 990
Hausmeister Lindner hatte 9,90 € Einnahmen.

b) Berechnung des Rückgeldes in Cent:
500 – 3 · 85 = 500 – 255 = 245

Yasar erhält 2,45 € Rückgeld.

3

a) 6 · 21 + 12 = 126 + 12 = 138
b) 12 · 5 + 19 = 60 + 19 = 79
c) (8 + 5) · 9 = 13 · 9 = 117
d) 21 – 13 + 29 = 8 + 29 = 37
e) 32 – 13 + 9 = 19 + 9 = 28

3

a) 3 · 5 = 15
b) 3 + 5 = 8
c) 4 · 3 – 5 = 12 – 5 = 7
d) 3 + 5 · 4 = 3 + 20 = 23

4

Individuelle Lösungen.
Beispiele für wahre Aussagen: 8 + 7 = 45 : 3; 75 : 5 = 15; 3 · 25 = 125 – 50
Beispiele für falsche Aussagen: 30 – 15 = 25; 75 : 5 = 3 · 25; 45 : 3 = 125 – 50

175

5
a) richtig $(12 = 12)$
b) falsch $(5 \neq 0{,}2)$
c) richtig $(144 = 144)$
d) richtig $(23 = 23)$

6
a) Das Quadrat hat die Seitenlänge 9 cm.
b) Rechtecke mit ganzzahligen Seitenlängen in cm:

Länge in cm	17	16	15	14	13	12	11	10	9
Breite in cm	1	2	3	4	5	6	7	8	9

Weitere Möglichkeiten (Beispiele):

Länge in cm	17,5	16,3	12,6	10,8	9,75
Breite in cm	0,5	1,7	5,4	7,2	8,25

Mit ganzzahligen Seitenlängen in cm lassen sich neun verschiedene, also nicht zueinander deckungsgleiche Rechtecke finden. Werden auch nicht ganzzahlige Seitenlängen zugelassen, dann gibt es unendlich viele verschiedene Rechtecke.

c) Beim Quadrat ist die Seitenlänge a als Lösung der Gleichung $4 \cdot a = 36$ eindeutig bestimmt. Quadrate mit größerer Seitenlänge haben einen größeren Umfang, Quadrate mit kleinerer Seitenlänge einen kleineren. Beim Rechteck hingegen lässt sich zu jeder vorgegebenen Länge a zwischen 0 cm und 18 cm eine passende Breite b mithilfe der Gleichung $2 \cdot (a + b) = 36$ bzw. $a + b = 18$ finden; es ist stets $b = 18 - a$.
d) individuelle Aufgaben und Lösungen

176 Strategie:

Gleichungen durch systematisches Probieren lösen

1
a) Tina hat ohne System Zahlen für x eingesetzt und die Lösung dabei durch Zufall gefunden. Hingegen hat sich Lukas durch langsames Erhöhen der eingesetzten Zahl an die richtige Lösung „herangetastet".
b) Beim zufälligen Probieren kann es vor allem bei größeren Zahlen sehr lange dauern, bis man die Lösung gefunden hat. Beobachtet man hingegen, wie das Ergebnis auf Änderungen der eingesetzten Zahl reagiert, und richtet die Probierstrategie daran aus, benötigt man im Allgemeinen weniger Zeit und Rechenaufwand.

176 Üben und anwenden

1
a) $x = 4$ b) $x = 5$
c) $x = 3$ d) $x = 5$

2
a) $x = 25$ b) $x = 58$
c) $x = 5$

5
a) $(9 + 4) \cdot 2 = 13 \cdot 2 = 26$
b) $(7 + 16) \cdot 3 = 23 \cdot 3 = 69$
c) $5 \cdot (19 - 17) + 8 = 5 \cdot 2 + 10 = 18$
d) $(70 - 56) : 7 = 14 : 7 = 2$

1
a) $x = 7$ b) $x = 9$
c) $x = 8$ d) $x = 9$

2
a) $x = 9$ b) $x = 2$
c) $x = 11$

177

3
a)

x	2	3	4	5
$3 \cdot x$	6	9	12	15
$= 15\,?$	nein	nein	nein	ja

b)

x	6	7	8	9
$40 : x$	6 R 4	5 R 5	5	4 R 4
$= 5\,?$	nein	nein	ja	nein

4
Die Breite der Decke beträgt 4 m.

5
Die andere Seitenlänge beträgt 7 m.

6
Die Seiten des Quadrats sind 16 m lang.

7
a) Breite: 40 m; Weidefläche: 8000 m²
b) Breite: 90 m; Weidefläche: 13 500 m²

8
a)

Zimmer	Länge	Breite	Flächeninhalt
Wohnküche	7 m	**4 m**	28 m²
Schlafzimmer 1 + 2	7 m	**4 m**	28 m²
Schlafzimmer 1	**4 m**	4 m	16 m²
Schlafzimmer 2	**3 m**	4 m	12 m²
b) Bad	**3 m**	**2 m**	6 m²
Flur	**4 m**	2 m	**8 m²**

Die Längen und Breiten von allen Zimmern und übrigen Räumen lassen sich eindeutig berechnen, wenn man der Reihe nach wie in der Tabelle angegeben vorgeht.
c) Es werden mindestens sechs geeignete Angaben, die Längen oder Flächeninhalte sein können, benötigt. Mit weniger Vorgaben kommt man bei diesem Grundriss nicht aus.

Gleichungen durch Umkehraufgaben lösen

178 Entdecken

1
a) 82   b) 21   c) 22   d) 75   Situationsbeschreibungen individuell.

2
a) Der halbe Umfang des Rechtecks beträgt 23 m. Dieser ist gleich der Summe von Länge und Breite. Wenn das Rechteck 15 m lang ist, muss es, damit sich 23 m als Summe ergibt, 8 m breit sein. In Formeln: $2 \cdot (15 + b) = 46$; $15 + b = 23$; $b = 8$

3
a) $x = 6$
b) $x = 12$
c) $x = 8$
d) $x = 6$
e) $x = 12$
f) $x = 8$

4
Die Länge des Hauses beträgt 13 m.

5
Die Seiten des Quadrats sind 13 m lang.

6
Die andere Seitenlänge beträgt 44 m.

7
Die Weidefläche ist quadratisch mit 90 m Seitenlänge. Rechteckige Weideflächen mit dem gleichen Flächeninhalt haben einen größeren Umfang.

178 **2** (Fortsetzung)

b) Der Umfang des Quadrats beträgt 48 m. Dieser ist gleich der vierfachen Seitenlänge. Damit diese gleich 48 m wird, muss die einfache Seitenlänge des Quadrats 12 m betragen. In Formeln: $4 \cdot a = 48$; $a = 12$

3

a) Das x steht für das Alter von Vivian. In drei Jahren ist sie drei Jahre älter, also $x + 3$ Jahre alt. Sie hat dann das Alter ihres Bruders erreicht, der jetzt 8 Jahre alt ist: $x + 3 = 8$.

b) ① Ein acht Kästchen langer Balken besteht aus einem Teilstück zunächst unbekannter Länge und drei weiteren Kästchen. Es kann abgelesen werden, dass das unbekannte Teilstück fünf Kästchen lang ist.

② Zwei Pfeile werden aneinander gelegt, von denen der erste drei Kästchen lang ist. Beide Pfeile zusammen sind so lang wie ein acht Kästchen langer Pfeil. Es lässt sich ablesen, dass der erste Pfeil fünf Kästchen lang sein muss.

③ Die Gleichung $x + 3 = 8$ ist zu lösen. Die Umkehraufgabe dazu ist $8 - 3 = x$. Damit erhält man $x = 5$.

c) Partnerarbeit

d) Zeichenübungen. Lösungen der Gleichungen: ① $x = 8$ ② $x = 5$ ③ $x = 3$

179 Üben und anwenden

1
a) $x + 16 = 27$; $x = 11$
b) $x + 30 = 75$; $x = 45$
c) $x + 75 = 137$; $x = 62$

2
Zeichenübungen.
Lösungen der Gleichungen:
a) $x = 17$ b) $x = 7$
c) $x = 12$ d) $x = 21$

3
a) Aufgabe: $x + 61 = 112$
   Umkehraufgabe: $112 - 61 = x$
   Also ist $x = 51$ die Lösung.
c) Aufgabe: $3 \cdot x = 39$
   Umkehraufgabe: $39 : 3 = x$
   Also ist $x = 13$ die Lösung.
e) Aufgabe: $x - 19 = 49$
   Umkehraufgabe: $49 + 19 = x$
   Also ist $x = 68$ die Lösung.

180 4
a) $49 - 13 = x$; $x = 36$
b) $99 : 9 = x$; $x = 11$
c) $134 - 71 = x$; $x = 63$

1
a) $4 \cdot x = 36$; $x = 9$
b) $4 \cdot x = 144$; $x = 36$
c) $x \cdot 3 = 75$; $x = 25$

2
Zeichenübungen.
Lösungen der Gleichungen:
a) $x = 24$ b) $x = 9$
c) $x = 4$ d) $x = 4$

b) Aufgabe: $x + 37 = 96$
   Umkehraufgabe: $96 - 37 = x$
   Also ist $x = 59$ die Lösung.
d) Aufgabe: $5 \cdot x = 125$
   Umkehraufgabe: $125 : 5 = x$
   Also ist $x = 25$ die Lösung.
f) Aufgabe: $x : 3 = 122$
   Umkehraufgabe: $122 \cdot 3 = x$
   Also ist $x = 366$ die Lösung.

4
a) $421 - 33 = x$; $x = 388$
b) $154 : 14 = x$; $x = 11$
c) $621 - 117 = x$; $x = 504$

180 5

a) Als Umkehraufgabe zu $12 + x = 17$ ergibt sich $17 - x = 12$, dies führt nicht weiter.

b) Statt $12 + x = 17$ kann man nach dem Vertauschungsgesetz auch $x + 12 = 17$ schreiben. In der Zeichnung kommt dann x in das linke und $+12$ in das obere Kästchen. Im unteren Kästchen steht dann -12 und als Umkehraufgabe ergibt sich $17 - 12 = x$. Damit erhält man die Lösung $x = 5$.

c) Gruppenarbeit

6
Zeichenübungen
a) $59 - 17 = x$; $x = 42$
b) $84 : 7 = y$; $y = 12$
c) $491 - 325 = b$; $b = 166$
d) $225 : 9 = c$; $c = 25$
e) $75 : 5 = m$; $m = 15$
f) $13 + z = 35$; $35 - 13 = z$; $z = 22$

7
$a \cdot 2 = 14$; $14 : 2 = a$; $a = 7$
Der Teppich ist 7 m lang.
Das Ergebnis kann durch Berechnung des Flächeninhalts geprüft werden:
$A = a \cdot b = 7 \cdot 2 \text{ m}^2 = 14 \text{ m}^2$

8
a) $x + 11 = 132$; $132 - 11 = x$; $x = 121$
b) $11 \cdot x = 132$; $132 : 11 = x$; $x = 12$
c) $x - 11 = 132$; $132 + 11 = x$; $x = 143$

Bunt gemischt

1
Der Schlüssel passt zum Schlüsselloch ④.

2
individuelle Aufgaben und Lösungen

6
Zeichenübungen
a) $3 + z = 18$; $18 - 3 = z$; $z = 15$
b) $163 - 101 = a$; $a = 62$
c) $8 \cdot 5 = x$; $x = 40$
d) $15 \cdot 15 = a$; $a = 225$
e) $325 + b = 491$; $491 - 325 = b$; $b = 166$
f) $15 + c = 25$; $25 - 15 = c$; $c = 10$

7
$120 \cdot b = 6000$; $6000 : 120 = b$; $b = 50$
Der Rahmen ist 50 cm hoch.
Das Ergebnis kann durch Berechnung des Flächeninhalts geprüft werden:
$A = a \cdot b = 120 \cdot 50 \text{ cm}^2 = 6000 \text{ cm}^2$

8
a) $3 \cdot x = 54$; $54 : 3 = x$; $x = 18$
b) $x - 13 = 41$; $41 + 13 = x$; $x = 54$
c) $152 : x = 8$; $8 \cdot x = 152$; $x = 19$

181 Strategie: Lösungshilfen entwickeln und nutzen

1
$x - 72 - 25 = 383$; $x - 97 = 383$; $383 + 97 = x$; $x = 480$
Der Schrank hat ursprünglich 480 € gekostet.

181

2

Anzahl	Preis	neuer Preis
2	0,90 €	1,10 €
4	1,80 €	2,20 €
6	2,70 €	3,30 €
8	3,60 €	4,40 €
10	4,50 €	5,50 €
12	5,40 €	6,60 €
14	6,30 €	7,70 €
16	7,20 €	8,80 €

3
23 + 38 + 41 + x = 149; 102 + x = 149; 149 − 102 = x; x = 47
Am vierten Tag ist Fritz 47 km gefahren.

4
Gesamtpreis in Cent: 12 · 70 + 3 · 145 + 4 · 70 = 16 · 70 + 3 · 145 = 1120 + 435 = 1555
Das Briefporto kostete insgesamt 15,55 €.

184 Vermischte Übungen

1

a) 34 6 2
$+$ → 40 · 2 → 80

(34 + 6) · 2
= 40 · 2 = 80

b) 34 2 6 2
· → 68 · → 12 $+$ → 80

34 · 2 + 6 · 2
= 68 + 12 = 80

2
① 20 : 5 = 4
② 20 − 5 = 15
③ 20 · 5 = 100
④ 20 + 5 = 25
⑤ 4 · 5 = 20

Jedes Kind erhält 4 €.
Melissa hat noch 15 €.
Pierre verdient insgesamt 100 €.
Im Sparschwein sind jetzt 25 €.
Dave kauft 20 Sammelbilder.

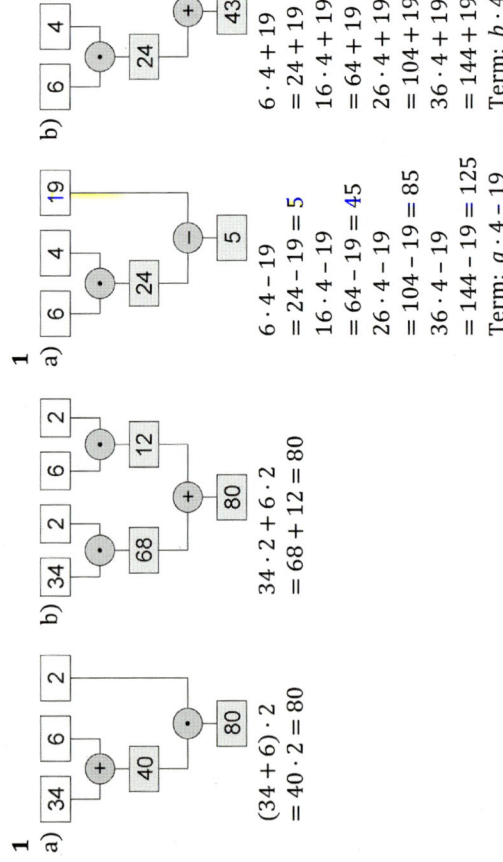

1

a) 6 4 19
· → 24 − → 5

6 · 4 − 19
= 24 − 19 = 5
16 · 4 − 19
= 64 − 19 = 45
26 · 4 − 19
= 104 − 19 = 85
36 · 4 − 19
= 144 − 19 = 125
Term: a · 4 − 19

b) 6 4 19
· → 24 $+$ → 43

6 · 4 + 19
= 24 + 19 = 43
16 · 4 + 19
= 64 + 19 = 83
26 · 4 + 19
= 104 + 19 = 123
36 · 4 + 19
= 144 + 19 = 163
Term: b · 4 − 19

184

3
a) 29 − 17 = 12   b) 18 − 8 = 10
c) 13 − 8 = 5   d) 44 − 42 = 2
e) 48 : 6 = 8

4
a) Wie viel Geld benötigt Marlon noch?
71 + x = 150; 150 − 71 = x; x = 79
Marlon benötigt noch 79 €.
b) Wie viel Geld hatte Aylen ursprünglich?
x − 34 = 52;   52 + 34 = x;   x = 86
Aylen hatte ursprünglich 86 €.
c) Wie viel Geld hat Sandra dabei?
x + 39 = 112;   112 − 39 = x;   x = 73
Sandra hat 73 € dabei.

5
Individuelle Geschichten und Lösungen.
Am Anfang stehen 16 · 24 = 384 Flaschen bereit.

3
a) 54 : 6 = 9   b) 72 : 12 = 6
c) 16 : 4 = 4   d) 49 : 7 = 7
e) 47 − 35 = 12

4
a) Wie viel bezahlt die Familie insgesamt?
2 · 12 + 3 · 3 = 24 + 9 = 33
Familie Mayr bezahlt insgesamt 33 €.
b) Wie teuer ist der Fernseher sonst?
x − 199 = 499; 499 + 199 = x; x = 698
Der Fernseher kostet sonst 698 €.
c) Wie viel Legosteine hat Leo?
x + 141 = 438; 438 − 141 = x; x = 297
Leo hat 297 Legosteine.

5
Individuelle Geschichten. Beispiele:
a) Ein Kunde möchte 111 Flaschen kaufen.
Er erhält 5 Kisten und 11 einzelne Flaschen. 5 · x = 100; x = 20
In einer Kiste sind 20 Flaschen.
b) 3 volle Kisten stehen bereit. Ein Kunde kauft 9 Flaschen. Danach sind noch 51 Flaschen vorhanden. x · 3 = 60; x = 20
In einer Kiste sind 20 Flaschen.
c) Ein Kunde kauft 2 Kisten, der nächste 6 Kisten. Beide kaufen insgesamt 160 Flaschen. 8 · x = 160; x = 20
In einer Kiste sind 20 Flaschen.
d) Ein Kunde kauft 4 volle Kisten und gibt einen Pfandbon für 3 € ab. Insgesamt bezahlt er 88 €. 4 · x = 91; x = 22,75
Eine Kiste kostet 22,75 €.
(Da x keine natürliche Zahl ist, kann x hier keine Flaschenanzahl sein.)

6
a) x + 288 = 324; 324 − 288 = x; x = 36
b) 123 + x = 261; 261 − 123 = x; x = 138

185

7

	Länge a	Breite b	Umfang des Rechtecks	Flächeninhalt des Rechtecks
a)	40 mm	35 mm	150 mm = 15 cm	1400 mm² = 14 cm²
b)	75 cm	15 cm	180 cm = 18 dm	1125 cm² = 11,25 dm²
c)	7 cm	4 cm	22 cm	28 cm²
d)	17 cm	6 cm	46 cm	102 cm²

185 7 *(Fortsetzung)*

Flächeninhalte: 14 cm² < 28 cm² < 102 cm² < 1125 cm²; a) < c) < d) < b)
Umfänge: 15 cm < 22 cm < 46 cm < 180 cm; a) < c) < d) < b)
Bei den Flächeninhalten und bei den Umfängen ergibt sich jeweils dieselbe Reihenfolge der Rechtecke beim Ordnen. Das muss nicht immer so sein und liegt hier daran, dass sowohl für die Längen als auch für die Breiten der Rechtecke ebenfalls a) < c) < d) < b) gilt.

8
Wie hoch ist der Preisnachlass?
$130 - x = 85$; $85 + x = 130$;
$130 - 85 = x$; $x = 45$
Der Preis wurde um 45 € gesenkt.

8
Wie schwer ist das Gepäck?
$950 - x = 1325$; $1325 - 950 = x$;
$x = 375$
Das Gepäck wiegt 375 kg.

9
a) Die Seiten des Zimmers sind 4 m lang.
b) Der Umfang des Zimmers beträgt $4 \cdot 4$ m $= 16$ m. Tim benötigt 80 cm weniger, also 15,2 m Teppichleiste.

a) $21 \cdot b = 294$; $294 : 21 = b$; $b = 14$
Der Auslauf ist 14 m breit.
b) $2 \cdot (21 + 14) = 2 \cdot 35 = 70$
Der Zaun wird insgesamt 70 m lang.

10
a) ①

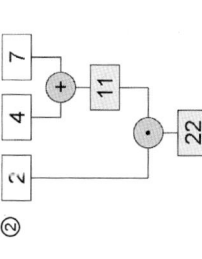

$2 \cdot 4 + 2 \cdot 7 = 8 + 14 = 22$
Länge und Breite werden jeweils mit 2 multipliziert. Danach werden die Ergebnisse addiert.

②

$2 \cdot (4 + 7) = 2 \cdot 11 = 22$
Länge und Breite werden addiert. Danach wird die Summe mit 2 multipliziert.

b) Beide Rechenbäume sind richtig, denn die Umfangsformel für das Rechteck wurde richtig angewandt und nach dem Verteilungsgesetz gilt $2 \cdot 4 + 2 \cdot 7 = 2 \cdot (4 + 7)$.
c) Auch bei anderen gegebenen Seitenlängen sind beide Rechenwege richtig, denn nach dem Verteilungsgesetz gilt auch allgemein $2 \cdot a + 2 \cdot b = 2 \cdot (a + b)$.

11
a) Beispiel:
Quadrat mit $a = 2$ cm
$A = 4 \cdot 2$ cm² $= 8$ cm²; $a + b = 6$ cm
$8 \neq 6$; außerdem ist A ein Flächeninhalt und $a + b$ eine Länge.
b) Beispiel:
Quadrat mit $a = 2$ cm
$u = 4 \cdot 2$ cm $= 8$ cm; $3 \cdot a = 6$ cm
8 cm $\neq 6$ cm

11
a) Beispiel:
Quadrat mit $a = 1$ cm
$A = 1 \cdot 1$ cm² $= 1$ cm²; $4 \cdot a = 4$ cm
$1 \neq 4$; außerdem ist A ein Flächeninhalt und $4 \cdot a$ eine Länge.
b) Beispiel:
Rechteck mit $a = 5$ cm; $b = 3$ cm
$u = 2 \cdot (5$ cm $+ 3$ cm$) = 16$ cm;
$2 \cdot a + b = 13$ cm; 16 cm $\neq 13$ cm

---

185 12
Der Anfang von Dirks Lösungsweg ist richtig. Die Umkehraufgabe zu $5 \cdot x + 59 = 139$ ist
$139 - 59 = 5 \cdot x$ und liefert $5 \cdot x = 80$. Um x zu erhalten, muss Dirk nun noch ein zweites
Mal mit der Umkehraufgabe rechnen: $x : 5 = 80$; $80 : 5 = x$; $x = 16$. In der dazugehörigen Zeichnung steht im linken Kästchen x, am oberen Pfeil · 5, im rechten Kästchen 16 und am unteren Pfeil : 5.

13
a) $72 : 8 = x$; $x = 9$
b) $64 - 12 = x$; $x = 52$
c) $3 \cdot x = 15$; $15 : 3 = x$; $x = 5$
d) $4 \cdot x = 28$; $28 : 4 = x$; $x = 7$

13
a) $2 \cdot x = 13$; $13 : 2 = x$; $x = 6{,}5$
b) $x + 25 = 41$; $41 - 25 = x$; $x = 16$
c) $15 \cdot x = 45$; $45 : 15 = x$; $x = 3$
d) $2 \cdot x - 5 = 19$; $2 \cdot x = 24$; $x = 12$

186 14
① Zu diesem Text passt Modell A.
a) Wie viel Geld muss Ibo jeden Monat sparen?
b) Die Variable x steht für den monatlichen Sparbetrag in Euro.
c) $125 + 5 \cdot x = 190$; $190 - 125 = 5 \cdot x$; $5 \cdot x = 65$; $65 : 5 = x$; $x = 13$
Ibo muss monatlich 13 € sparen.

② Zu diesem Text passen die Modelle B und C.
a) Wie viel Geld hat Petra monatlich gespart?
b) Die Variable x steht für den monatlichen Sparbetrag in Euro.
c) $x \cdot 3 - 25 = 35$; $35 + 25 = x \cdot 3$; $x \cdot 3 = 60$; $60 : 3 = x$; $x = 20$
Petra sparte monatlich 20 €.

③ Zu diesem Text passt Modell D.
a) Wie viel kostet ein Comicbuch, wenn alle drei Bücher gleich teuer waren?
b) Die Variable x steht für den Preis eines Comicbuches.
c) $x \cdot 3 + 2 = 17$; $17 - 2 = x \cdot 3$; $x \cdot 3 = 15$; $15 : 3 = x$; $x = 5$
Ein Comicbuch kostet 5 €.

④ Zu diesem Text passt am besten Modell B. Modell C ist aber auch möglich.
a) Wie viel Spendengeld erhält jeder der drei Empfänger?
b) Die Variable x steht für den Geldbetrag, den jeder der drei Empfänger erhält.
c) Modell B: $3 \cdot x = 35 + 25$; $3 \cdot x = 60$; $60 : 3 = x$; $x = 20$
Modell C: $x \cdot 3 - 25 = 35$ (Wenn man den Geldbetrag, den jeder erhält, mit 3 multipliziert, erhält man den Gesamtbetrag. Subtrahiert man von diesem den Gesamtbetrag die Einnahmen des zweiten Tages, erhält man die Einnahmen des ersten Tages.)
Umkehraufgabe: $(35 + 25) : 3 = x$; $60 : 3 = x$; $x = 20$
Das Tierheim, das Kinderheim und die Ausflugskasse erhalten jeweils 20 €.

15
a) Verschiebt man bei einer der beiden Zweien das senkrechte Streichholz links unten nach rechts, so erhält man $3 + 2 = 5$ bzw. $2 + 3 = 5$.
b) Legt man bei der Ziffer 9 das senkrechte Streichholz rechts oben nach links unten, so erhält man $2 + 6 = 8$.
c) Verschiebt man bei der Ziffer 3 das senkrechte Streichholz rechts unten nach links, so erhält man $2 + 4 = 6$.

186 **16**

a) Sei P der Preis eines Pizzastücks, L der Preis einer Limo und K der Preis einer Tasse Kaffee, jeweils in Euro.

Aus $4 \cdot P = 8$ erhält man $P = 2$.

Aus $2 \cdot P + 2 \cdot L = 6$ folgt:

$4 + 2 \cdot L = 6$

$2 \cdot L = 6 - 4 = 2$

$L = 1$

Aus $2 \cdot K + 2 \cdot L = 5$ folgt:

$2 \cdot K + 2 = 5$

$2 \cdot K = 5 - 2 = 3;$

$K = 1{,}50$

Damit erhält man:

$4 \cdot L = 4$

$2 \cdot P + 2 \cdot K = 4 + 3 = 7$

Vier Dosen Limo kosten 4 €; zwei Pizzastücke und zwei Tassen Kaffee kosten 7 €.

b) Sei P der Preis eines Pizzastücks, T der Preis eines Stücks Käsetorte und S der Preis eines Glases Saft, jeweils in Euro.

Gegeben sind folgende Gleichungen:

$2 \cdot P + 2 \cdot S = 12; \quad 2 \cdot T + 2 \cdot S = 10;$

$2 \cdot P + 2 \cdot T = 14$

Diese lassen sich vereinfachen zu:

$P + S = 6; \quad T + S = 5; \quad P + T = 7$

Aus den ersten beiden Gleichungen folgt, dass ein Stück Pizza um einen Euro teurer ist als ein Stück Torte:

$P = T + 1.$

Aus der ersten und der dritten Gleichung folgt dass ein Stück Torte um einen Euro teurer ist als ein Glas Saft:

$T = S + 1.$

Aus allen drei Gleichungen erhält man:

$P + S + T + S + P + T = 6 + 5 + 7 = 18$

$2 \cdot (S + T + P) = 18$

$S + T + P = 9$

$S + S + 1 + T + 1 = 9$

$S + S + 1 + S + 1 + 1 = 9$

$3 \cdot (S + 1) = 9; \quad S + 1 = 9 : 3 = 3$

$S = 2; \quad T = S + 1 = 3; \quad P = T + 1 = 4$

$4 \cdot P = 16$

$P + T + 2 \cdot S = 4 + 3 + 2 \cdot 2 = 11$

Vier Pizzastücke kosten 16 €; ein Stück Pizza, ein Stück Käsetorte und zwei Gläser Saft kosten 11 €.

17

Nimmt man auf jeder Seite der Waage ein 100-g-Wägestück weg, so bleibt die Waage im Gleichgewicht. Auf der linken Waagschale verbleiben dann zwei Käsestücke und auf der rechten vier Wägestücke, also 400 g. Wenn zwei Käsestücke 400 g wiegen, dann wiegt ein Käsestück die Hälfte davon, also 200 g.

18

a) Wenn verschiedene Früchte verschiedene Ziffern bedeuten, gibt es vier Lösungen:

$16 : 4 = 4; \qquad 49 : 7 = 7; \qquad 64 : 8 = 8; \qquad 81 : 9 = 9$

b) Individuelle Lösungen. Beispiele:

$3 \cdot 4 = 12; \qquad 2 \cdot 7 = 14; \qquad 6 \cdot 5 = 30; \qquad 9 \cdot 8 = 72$

c) Lösungen wie bei a).

Zum Weiterarbeiten

individuelle Aufgaben und Lösungen